本书得到中国社会科学院哲学社会科学创新工程项目——"促进生态文明建设的绿色发展战略与政策模拟研究"以及中国社会科学院"经济政策与模拟"重点研究室资助

China
Environment and
Development Review (Volume VI)

中国环境与发展评论 （第六卷）

可持续消费的理念与途径
Sustainable Consumption Theory and Approach

张 晓 张友国 李玉红 等著

中国社会科学出版社

图书在版编目 (CIP) 数据

中国环境与发展评论. 第 6 卷，可持续消费的理念与途径 / 张晓等著.
—北京：中国社会科学出版社，2015.3
ISBN 978 - 7 - 5161 - 5422 - 9

Ⅰ.①中…　Ⅱ.①张…　Ⅲ.①环境 - 问题 - 研究 - 中国　Ⅳ.①X - 12

中国版本图书馆 CIP 数据核字 (2014) 第 311092 号

出　版　人	赵剑英
责任编辑	任　明
责任校对	孙晓军
责任印制	何　艳

出　　　版	中国社会科学出版社
社　　　址	北京鼓楼西大街甲 158 号
邮　　　编	100720
网　　　址	http://www.csspw.cn
发 行 部	010 - 84083685
门 市 部	010 - 84029450
经　　　销	新华书店及其他书店

印刷装订	北京市兴怀印刷厂
版　　　次	2015 年 3 月第 1 版
印　　　次	2015 年 3 月第 1 次印刷

开　　　本	710 × 1000　1/16
印　　　张	14
插　　　页	2
字　　　数	229 千字
定　　　价	48.00 元

作 者

（以文章顺序为序）

张　晓：博士、研究员，中国社会科学院环境与发展研究中心
zhangxiao@ cass. org. cn

郑玉歆：研究员，中国社会科学院环境与发展研究中心
zhengyuxin@ cass. org. cn

郑易生：研究员，中国社会科学院环境与发展研究中心
zhengyishengcass@ 263. net

张友国：博士、研究员，中国社会科学院环境与发展研究中心
zhyouguo@ cass. org. cn

陈洪波：博士、副研究员，中国社会科学院城市发展与环境研究所
hbc_ w@ hotmail. com

储诚山：博士、副研究员，天津社会科学院

王新春：研究员，建筑材料工业技术情报研究所

李玉红：博士、副研究员，中国社会科学院环境与发展研究中心
liyuhong@ cass. org. cn

胡勘平：主任，中国生态文明研究与促进会研究与交流部
hukanping@ gmail. com

周　凌：副教授，浙江省委党校　zhoulingdj@ sina. com

杨敏英：研究员，中国社会科学院数量经济与技术经济研究所
ymy@ cass. org. cn

目　　录

引　言
完整理解可持续发展：从
生产（供给）侧到消费（需求）侧

张　晓

较早提出可持续消费（包括绿色消费）的概念可以追溯到 1988 年，《绿色消费者指南》第一次定义"绿色消费"为，消费者个人致力于推动减少环境损害的消费，而且这种消费还可以满足消费者的需要（Elkington 等，1988）。"绿色消费"概念的提出，是人类社会全面、完整地对待可持续发展问题，由单纯关注供给侧（生产者），转向给予供给与需求两侧同等程度的关注。1992 年，巴西里约全球可持续发展峰会形成了《21 世纪议程》（UN，1992），其中不仅明确提出"可持续消费"的概念，还进一步提出，各国政府应制定鼓励改变不可持续的形态的国家政策和战略；显著地改变工业界、政府、家庭和个人消费形态；建立国内政策构架，鼓励转向比较可持续的生产和消费形态；加强鼓励可持续生产和消费形态的价值观等倡议。

一　资本主义消费方式和生产方式是
导致生态环境危机的根源

生态环境问题首先在经济发达的工业化国家产生，造成生态环境问题的根源是资本主义生产方式本身。资本主义的剩余价值最大化要求生产最大化，而生产最大化必然要求消费最大化。如果不能实现消费最大化，结果必然导致经济危机。凯恩斯主义一度非常流行，其主张通过扩大消费，甚至是浪费性消费来推动经济增长，缓解经济危机和失业问题。生态社会主义将在资本和广告地操纵下，追求过度的浪费性消费称为"异化消费"。这是因为生产的无限扩大化与资源、环境的有限承载能力之间的矛盾在凸显。一些发达国家，推行生态帝国主义政策，不仅掠夺发展中国家的资源，而且还将环境污染产业转移到发展中国家，于是，资源和环境问题超越了民族和国家，成为区域性和全球性问题（时青昊，2009，14）。

"异化消费"表面上缓解了生产与消费之间的矛盾，延缓了资本主义经济危机，然而其造成了消费与资源环境之间的新矛盾，这实际上成为资本主义新的基本矛盾。加拿大学者阿格尔（B. Agger）将"异化消费"作为生态危机的根源是有其道理的。

在全球不同的经济体（或消费体）之间，存在着能源和食品消费的巨大差异，而这些差异实际上导致了巨大的资源占有的差异，从而形成了世界资源（能源、土地、水等）利用的极大不公平。目前全球生态环境话语和实践都是为了发达国家特别是少数核心资本主义国家的利益。

表1是世界人均电力消费比较，其数据显示，欧洲、北美洲、大洋洲的电力消费高于世界平均水平2—3倍，而且远远超过非洲、亚洲和南美洲的平均值。新兴经济体中（表中灰色行数字），电力消费也极不平衡，印度、中国的人均电力消费都低于或刚刚接近世界平均水平，因此，理所应当地存在今后大量增加的空间。

表2揭示出发达国家与发展中国家在食品、营养获取上的差异，数据来源于联合国粮农组织。由于联合国粮农组织缺少中国的数据，我们将我国的人均食品及主要工业品消费数据与世界数据进行比较，如表3。表2的数据首先表明，发达国家的食物满足水平不仅高于世界平均水平，而且远高于发展中国家。此外，与发展中国家的情况相反，发达国家的人主要不是依靠从粮食中汲取所需的能量，而是获取更多的蛋白质等营养。这意味着，他们的食品消费和生活质量是建立在更多的资源（土地、水、能源等）占用与消耗基础之上的。在经济全球化的今天，食品的获取更多的是通过全球贸易实现的，也就是说，发达国家的人因为高营养所消耗的资源是全球性的，毫无疑问，这是造成生态环境问题的重要原因。表3的数据揭示出，不论在20世纪90年代还是在近期，中国人均食品占有都低于发达国家20世纪90年代的平均水平，特别是牛奶的近期人均消费量，甚至远低于发展中国家20世纪90年代的水平；工业品除去近期的水泥人均消费量外，与食品的情况相类似。

表1、表2和表3的对比说明，一方面，发达国家与发展中国家的消费水平是如此的悬殊，随之而来的问题是，人类社会是否应该确定某种"基本生活标准"？不然，在资源环境有限的前提下，一部分人的舒

适、安全的生活，甚至是奢侈浪费，就意味着另一部分人基本权利的被剥夺。另一方面，西方发达国家的高消费水平也与更多的废弃物排放密切相关，特别是他们的较高能源消费水平，意味着更多的历史累积碳排放。

表 1　　　　　　　　　　电力消费比较（千瓦－小时/人）

地区/国家	2007 年	2010 年	地区/国家	2007 年	2010 年
全世界	2993	3123	欧洲	6672	6640
北美洲	10235	9931	丹麦	7015	6784
加拿大	18532	17117	法国	8304	8569
美国	14493	14190	德国	7502	7461
南美洲	2394	2570	俄罗斯	6996	7139
巴西	2550	2824	挪威	26929	27043
亚洲	1937	2223	瑞典	16400	16065
中国	2475	3126	英国	6601	6187
印度	697	784	大洋洲	8771	8105
日本	8977	8845	澳大利亚	11887	10849
韩国	8996	10367	新西兰	10337	10260
非洲	664	674			
南非	5498	5277			

资料来源：UNSD，2014。

表 2　　　　　　　　　　资源（食品）获得情况比较

地区/国家	平均食物满足指数		从粮食中获取能量率（%）		平均蛋白质满足量克/人/日	
	1990—92	2007—09	1990—92	2007—09	1990—92	2007—09
全世界	114	120	56	51	69	78
发达国家	131	136	34	32	99	104
发展中国家	108	116	64	56	61	72
非洲	108	115	65	62	57	64
南非	121	125	55	54	74	83
亚洲	107	115	67	57	61	73
中国	-	-	-	-	-	-
印度	104	104	66	60	55	57
韩国	124	130	55	44	81	91

续表

地区/国家	平均食物满足指数		从粮食中获取能量率（%）		平均蛋白质满足量 克／人／日	
	1990—92	2007—09	1990—92	2007—09	1990—92	2007—09
日本	121	114	42	41	96	90
拉丁美洲	118	125	43	40	69	83
巴西	118	131	39	35	67	87
其他发达国家						
加拿大	123	137	26	28	96	104
丹麦	125	133	27	29	100	109
法国	142	142	27	29	117	112
德国	134	139	26	27	97	102
澳大利亚	126	130	25	26	106	106
新西兰	130	128	27	27	98	94
俄罗斯	–	130	–	43	–	100
英国	131	138	28	32	93	104
美国	140	147	26	25	110	115

注释："－"表示缺少数据。

资料来源：FAO，2014。

表 3　　　　　　　　　　人均消费资源中外比较

项目	发达国家	发展中国家	中国	
	1990	1990	1990	2012
粮食（公斤/人）	717	247	130[a] 262.08[b]	78.76[a] 164.27[b]
牛奶（公斤/人）	320	39	4.63[a] 1.10[b]	13.95[a] 5.29[b]
肉类（公斤/人）	61	11	25.16[a] 12.59[b]	35.71[a] 20.85[b]
纸张（公斤/人）	148	11	12[c]	81
化肥（公斤/人）	70	15	16.44	50
水泥（公斤/人）	451	130	183.42	1632
汽车（辆/人）	0.28	0.01	0.0007[d]	0.065

注释：[a] 城镇数据。[b] 农村数据。[c] 指机制纸及纸板。[d] 指私人汽车。

资料来源：Redclift，1996，121 页；《中国统计年鉴—2013》www.stats.gov.cn/tjsj/ndsj；

《中国统计摘要—2010》，中国统计出版社 2010 年版。

二　资源、环境的国家安全要求必须推进可持续消费

如果说当今世界总体性资源危机的最重要组成部分是能源危机（萨卡，2010），不如说能源安全是资源安全的最突出的代表性问题。萨卡（2010）认为，廉价石油时代已经过去，以石油为基础支撑的工业国家的社会生活及其较高的生活标准正面临着崩溃的危险。

人口的增加、不断扩大的工业化与城市化，正引起可耕地的减少和淡水资源的缺乏。土地资源、水资源的安全性问题，加上生物质燃料的开发，共同构成了粮食安全问题。

与资源安全相比，可能更为严重的是生态环境安全。其关键点是，气候变化、水污染、土壤污染、大气污染以及湿地、森林、物种的减少等环境问题会与社会、经济、技术、政治以及制度变迁等相互作用，对人类安全构成了新的挑战。

生态环境与人类社会福利、繁荣、安全和个人幸福等具有内在的本质联系（Kepner，2009）。环境问题之所以直接或间接威胁人类安全，是由于它可以酿成重大灾难，以气候变化为例，它已经造成水旱灾害频发（印度孟买的水灾、2012年北京暴雨、非洲的旱灾、中国北方一些地区持续性地严重缺水等）、飓风（2005年美国新奥尔良飓风）、极端热浪（2003年巴黎热浪）等严重气候灾害。再比如中国东部地区2013年以来大范围的雾霾污染，对人体健康造成极大的损害以及严重降低人的生存质量。而更值得思考和研究的是，环境灾难并不是对灾区的每个人产生均等的影响。以2005年美国卡特里娜飓风（Hurricane Karina）为例，（欧希雷 O'Brien，2006）指出，面对风暴，不论预测还是反应行动，种族、年龄、性别和经济实力的差别都会形成不同的结果。在死亡的约1000人中，大多数是穷困的黑人，因为他们缺乏撤离的交通手段和资源；那些死亡的老年人多死在医院和家中，因为他们难以应对飓风；而妇女特别是贫困中的妇女面对飓风也很脆弱。

资源、环境安全问题所产生的危机是根本性危机，是因为它们根源于现行体制和消费模式，要克服危机、降低不安全性，需要一系列的改变，包括政治、经济体制、资源使用模式、消费模式等。印度学者萨卡（2010）指出，迄今为止，我们（人类）只是以不同方式改变了世界，而问题在于保护世界。

资源、环境的不安全性在于资本主义的增长律令：鼓励对有限的可利用地球资源的无度使用。英国学者巴里（2010）指出，过去两个世纪的资本主义经济增长是通过耗尽能量储备像煤、石油、天然气、铀等来实现的。不仅如此，贯穿所有经济部门的资本主义经济增长模式——从农业对以石油为基础的杀虫剂的使用和机械化的农业综合企业，到汽车工业的主导地位，都意味着资本主义经济是严重依赖化石燃料的。对这些储备定量的资源使用只是受到可获得技术和流行价格的限制，而不受自然因素的限制。从整个地球资源储备中便宜又现成地获得资源，并错误地以为人类经济是一个封闭的、独立的系统，似乎可以创造经济指数级增长的神话，使金钱或所谓"有效需求"成为保证福利的首要手段。从人的劳动力到自然资源，每样东西都被当作商品对待，即使它不是商品。

巴里（2010）认为，资本主义对污染问题普遍的不是寻求解决，因为解决污染问题不可避免地导致经济重构和资本主义的转型，而是追求一种"转移策略"，即：从一种介质转移到另一种介质（例如水污染变为固体废弃物），从一个地方转移到另一个地方（例如从发达国家转移到发展中国家），或从当代向未来世代转移。这样，"解决问题"变成了"转移问题"。显然，转移策略的假设前提是存在着污染物可以转移到"别处"，然而，从长远观点看，这个小小的地球并不存在"别处"。

事实上，发达国家借助于经济全球化，能够消费不成比例的世界资源（请考察主要发达国家的人均电力消费水平，参见表1），并且排放不成比例的世界污染量（注意：污染并不一定排放在自己周围，而是通过贸易排放在他国），才可能享受目前的生活。而这种资源、环境上的不平等导致环境安全问题、贫困问题加剧，并进一步造成全球生态环境退化（张晓，2010）。

显然，"可持续发展"是人类社会认识到了资源、环境安全问题所产生的危机，为了减少不安全性而寻求改变其生产和消费需求的方式。我们认为，改变发达国家的消费模式，特别是减少人均资源（主要是能源）利用尤其重要。与之有区别的，发展中国家应该吸取发达国家的教训，在增加人均资源利用量的同时，不应盲目效仿发达国家的模式，而是要走减少污染物排放、提高资源利用率的消费路径，这样做的目的也是为了增强发展中国家自身及全球总体安全性以及福利水平。

三　中国的消费模式选择

审视西方的发展模式，简言之，即自由市场经济加资产阶级民主。我们是否非要亦步亦趋地学这一套？有识之士已经明白，各国因历史、文化背景不同，可能会将其变形后形成具有自己特色的发展模式。历史和现实昭示这样的事实：中国要发展，只能走与西方发达国家不同的道路。一个重要原因是，中国人多资源少、环境承载力十分有限，西方人少但控制了世界上的大部分资源。中国若想走发达国家高消费的道路，就必须打破现有格局，去控制世界上的大部分资源。然而，殖民主义已经过时，中国现在不可能重蹈列强的覆辙了；和平崛起也使得中国不能像德国、日本那样发动侵略战争；中国只能走资源节约、环境友好的发展道路。重要的是提升经济发展能力和政治稳定，当然还包括可持续性。当经济发展到一定水平后，一个很重要的转型是从生产型社会转向消费型社会。

改革开放以来，我国产生严重环境问题的背后，既有经济发展模式原始粗放的原因，更有经济全球化、发达国家以资本输出方式向发展中国家转移其高污染、高能耗产业的深刻背景。改变或消除环境污染，我们不能走其他国家转移污染产业的道路，只能通过发展模式的转变，特别是消费模式的转变，从自身的资源禀赋、环境容量出发，探索一条有别于发达国家、对环境友好、高效率利用资源（能源）的新发展模式。

资本主义奉行的是"经济理性"，即追求利润最大化。而人类社会的发展要具有可持续性，应该奉行"生态环境理性"，即：理性的生产、更少的消费、更好的生活。而这一切都是和人们真正幸福的高质量生活相联系的（Gorz，1994）。为了定义"更好的生活"，有必要将超过某一标准（许多西方国家早已达到了）的生活，由于其占有资源过多、污染环境严重（尽管资源与环境问题可能发生在其他国家），而被明确为"生活质量下降"（Redclift，1996，122 页）。

反思人类的消费模式和消费行为，是否存在"神圣不可侵犯"的消费，诸如驾车、乘飞机度假、吃更多的肉食等？如果前人提倡的"绿色消费者"只能在传统汽车与更高能效汽车之间做选择，而不能选择可信赖的、更易达到的、环境友好的公共交通，那么由此推断，对于可持续发展的社会改变而言，消费者个人的影响将是十分有限的（Seyfang，

2009，1—2 页）。因此，与企业社会责任、可持续生产方式转变相比，在可持续消费理念与方式的指导下，居民消费方式的转变具有更重要的意义。

中国的传统文化中包含着朴素的可持续消费理念，如"天人合一"、"以俭得之，以奢失之"、"知足常乐"等观念长期植根于古代人们的心中。"天人合一"表达了一种世界观与自然观，以及人与自然和谐相处的朴素愿望，而没有丝毫一味索取、骄奢淫逸的贪婪；"以俭得之，以奢失之"则反映出大至国家，小至家庭兴旺发展与节俭的重要关系；"知足常乐"则充分表达出中国人对物质生活的淡然处之、容易满足、不追求奢华的基本态度（姜天波等，2013，3）。因此，中国社会具有可持续消费的历史文化基础，我们完全可以选择一条适合自身资源、环境禀赋的发展和消费道路。

一项于 2012 年进行的"中国可持续消费状况调查"的结果显示，在 3004 位被调查对象中，88.5% 的人认为自己的购买行为可以影响企业的经营；有 90.2% 的人对有损坏的耐用消费品选择修理后继续使用；选择使用公交、自行车、步行作为通勤工具的人占 74.4%（姜天波等，2013）。这说明，可持续消费的理念对于中国消费者并不陌生，可持续消费的行动在中国已经具有普遍性。

四 可持续消费涉及的领域及本书的内容安排

可持续消费包含的领域应该非常丰富，可以说，消费的范围内涵与外延，都是可持续消费可以延伸之处。本书中我们围绕可持续的交通（绿色交通）、可持续食品（绿色农产品）、可持续建筑、可持续能源与水资源可持续消费等领域展开讨论。

引言即本文，主要确定本书的讨论基调，并提出，我们需要完整地对待可持续发展问题，由单纯关注供给侧（生产者），转向给予供给与需求两侧同等程度的关注。消费方式导致的资本主义生产方式是导致生态环境危机的根源。目前全球生态环境话语和实践都是为了发达国家特别是少数核心资本主义国家的利益。例如，在全球不同的经济体（或消费体）之间，存在着能源和食品消费的巨大差异，而这些差异实际上导致了巨大的资源占有的差异，从而形成了世界资源（能源、土地、水等）利用的极大不公平。从保证国家资源、环境安全的角度，也需推进可持续消费。

改革开放的过去三十年，中央将大量权力下放在很大程度上推动了中国的快速发展，促使地方政府领导班子之间展开了经济增长的竞争。然而，这种方式的后果之一就是生态环境的逐步竞争，在地方权钱勾结互利面前，环境法规显然不堪一击。中央推行的重大绿色项目往往越往下落实就具有越大的不真实性：地方环境保护有时形同虚设。

可持续消费不能完全依靠市场，郑玉歆提出要进一步强化政府引导可持续消费的作用。具体的，首先需要可持续消费目标与战略的科学性以及引导可持续消费的完善政策体系；此外，政府在满足人们基本消费需求方面还负有责任。

张晓讨论可持续交通问题。在分析了中国现有城市交通模式的资源（能源）、环境代价，并对能源、环境等制约因素进行分析之后，提出我国可持续交通的制度设计及长期战略规划设想。

郑易生、张友国讨论能源消费问题。郑易生重点就"一些发达国家从技术效率的提高中最终真实得到的能源节约量要少于它们（效率改进）的直接影响"，以及能源效率与消耗总量（及环境影响）之间的关系等问题展开讨论，提出，尽管近年来对消费问题的重视正在增大，但是观点分歧也日益显现，因此，郑易生认为，可持续消费可能引起深刻的社会变革。张友国就区域间能耗责任与可持续能源消费进行讨论。他基于多区域投入产出模型建立了各种利益原则下的区域能耗责任核算框架，并将之用于分析中国的省际能源效率和能耗责任。结果表明，不同省份同一产业的能源效率差异显著。各省在不同原则下的能源效率和能耗责任也都具有显著差异。不过，不管采用哪种原则，传统能源密集型产业比重较大的省份总是具有较低的能源效率，而一些沿海省份的能源效率总是较高。同时，经济规模较大的省份总是具有较大的能耗责任，而经济规模较小的省份总是具有较小的能耗责任。因此，建议政府部门在核定区域能耗责任时应谨慎选择分配原则，并保证各地区的节能任务应与其能耗责任相匹配。进一步的政策建议是，可考虑采用差别能源税以激励各地区更好地发挥各自的比较优势，以减少重复建设并改善全国整体能源效率。

建筑是重要的消费领域，与此同时，全球建筑领域的碳排放约占排放总量的三分之一左右，与工业、交通并列为温室气体排放的三大重点领域。因此，设计和建造低碳建筑是控制建筑领域碳排放的重要途径，已经成为国际建筑发展的新趋势。陈洪波等人讨论可持续建筑（低碳建筑）问题。他们在分析我国建筑能耗和碳排放现状与特征的基础上，推出一套自主研发的中国北方居住建筑低碳标准，旨在阐明以低碳标准引领建筑领域的可持续消费，及其相关的成本、标准实施范围和政策等问题。

胡勘平讨论可持续水资源消费问题。他分析了一个不可持续消费的案例——从北京的水资源缺乏现状入手，考察、剖析了北京业已存在的"奢侈型水消费"现象；提出"遏制奢侈型水消费，走向水生态文明"的建议。

李玉红讨论农村重金属污染与粮食安全问题。她通过对第一次全国经济普查资料和近几年全国规模以上工业企业调查数据的分析，发现我国大部分重金属污染企业都位于农村地区，农村地区工业源重金属污染形势严峻；企业技术水平低、布局分散以及经济增长驱动下的快速发展，是造成农村工业重金属污染加重的直接原因；主要粮食主产区同时也是重金属污染企业较多的地区，这是我国粮食安全的重大隐患。她建议，今后要从源头上控制农村地区的重金属污染，以保证粮食消费安全。

周凌对可持续消费幸福感进行了理论思考和讨论。他认为，在实现可持续消费的过程中，不仅应该关注可持续消费中物质减量化的结果，更应当关注物质减量化过程中人们幸福感的提升。因而，通过讨论幸福感和可持续消费之间的内在关系，从宏观和中观层面提出了推介可持续消费幸福感的方法和目标。

中国社会科学院环境与发展研究中心及可持续消费研究团队，旨在更多地关注需求（消费）侧对可持续发展的影响，从而完整地理解可持续发展的内涵，进一步深入研究可持续消费的理论与实现途径，为推动我国从普通消费者到政府、企业的可持续消费行动提供研究支持。

参考文献

中文

[1] ［英］约翰·巴里：《马克思主义与生态学：从政治经济学到政治生态学》，杨志华译，载郁庆治主编《重建现代文明的根基——生态社会主义

研究》，北京大学出版社 2010 年版，第 63—89 页。

［2］姜天波、钟宏武、张蕙、许英杰、孙青春等：《2012 中国可持续消费研究报告》，经济管理出版社 2013 年版。

［3］［印］萨拉·萨卡：《生态社会主义的前景》，郇庆治译，载郇庆治主编《重建现代文明的根基——生态社会主义研究》，北京大学出版社 2010 年版，第 283—300 页。

［4］时青昊：《20 世纪 90 年代以后的生态社会主义》，世纪出版集团、上海人民出版社 2009 年版。

［5］张晓：《全球化挑战可持续发展——基于生态环境与贫困的视角》，张晓主编：《中国环境与发展评论——全球化背景下的中国环境与发展》（第四卷），中国社会科学出版社 2010 年版，第 2—25 页。

英文

［1］Elkington, John and Julia Hailes, Victor Gollancz. 1988. *The Green Consumer Guide*：*From Shampoo to Champagne-High-street shopping for a better environment.* London, paperback.

［2］FAO. 2014. 2013 FAO Statistical Yearbook. http：//www. fao. org.

［3］Gorz, A. 1994. *Capitalism, Socialism, Ecology.* Verso, London and New York.

［4］Kepner, W. G., D. A. Mouat, J. M. Lancaster and P. H. Liotta. 2009. *Ecosystem service and human welfare.* Liotta, P. H. et al. （Eds.）Achieving Environmental Security：*Ecosystem Service and Human Welfare.* 265—268. IOS Press.

［5］O'Brien, K. 2006. *Are we missing the point? Global environmental change as an issue of human security.* Global Environmental Change 16（2006）, 1—3.

［6］Redclift, Michael. 1996. *Wasted: Counting the Costs of Global Consumption.* Earthscan Publications Ltd, London.

［7］Seyfang, Gill. 2009. *The New Economics of Sustainable Consumption.* Palgrave Macmillan.

［8］UN（United Nations）. 1992. *Agenda 21：The United Nations Program of Action From Rio.* www. un. org.

［9］UNSD（United Nations Statistical Division）. 2014. *2010 Energy Statistics Yearbook United Nations.* http：//unstats. un. org/unsd.

进一步强化政府引导
可持续消费的责任

郑 玉 歆

以人为本、全面、协调、可持续发展的科学发展观，作为我国发展的基本指导思想，已深入人心。作为落实科学发展观的两个最重要的基石，即建立可持续的生产模式和可持续的消费模式，在我国也取得了积极进展。近年来，我国在节能减排、生态环境保护方面推出了大量举措，形成了一系列的政策法规和产业政策，然而，可以看到这些举措大多都是在生产领域，而在消费领域尚缺乏明确的目标和较系统的政策体系。一手硬、一手软的问题较为突出。政府引导构建可持续消费模式的责任亟待加强。

目前我国正处于经济转型升级的重要时期，扩大居民消费对经济增长的拉动作用，由投资型经济向消费型经济的转变已成为政府的重要政策。在这样一个时期，努力构建可持续消费模式、把我国日益扩大的消费需求引导到可持续消费的轨道上来，显得尤为迫切。应该看到，中国在引导构建可持续消费方面同时存在着缺位和误导的问题。

作为对1992年联合国《21世纪议程》的积极响应，中国在1994年发布了《中国21世纪议程》。可以看到，早在《中国21世纪议程》（以下简称为《议程》）中就明确提出①要"引导建立可持续的消费模式"，并为此提出了具体目标和行动准则。这是迄今为止中国政府关于可持续消费问题最翔实的阐述。后来，我国党和政府的文件在不同场合下，也

---

① 参见《中国21世纪议程》第7章B小节"引导建立可持续的消费模式"。国家计委等：《中国21世纪议程——中国21世纪人口、环境与发展白皮书》，中国环境科学出版社1994年版。

多次强调可持续消费的重要意义，但多为一带而过①，再也没有能够像《议程》这样系统和较详细地论述过。

《议程》将所提出的"引导建立可持续的消费模式"具体化为三个目标，其一是"在确保 2000 年人民生活达到小康的同时，保持人均能源及原材料消耗不再相应增加，并减少有害废物对环境的污染"；其二是"改进居民消费结构，促进社会消费多样化，基本满足不同层次的消费要求"；其三是"实行按劳分配及公平与效率兼顾的分配原则，防止在物质消费方面高低差距过于悬殊，缩小贫富差距，追求共同富裕"。另外，还提出四方面（16 条）行动计划，包括大力发展社会生产力，建立一个低耗、高效、少污染或无污染的生产体系，增加生活资料的数量、多样性和提高质量；建立与合理消费结构相适应的产品结构；积极推行分配制度改革，实行以按劳分配为主体，其他分配方式为补充，兼顾公平和效率的分配方式，解决社会资源和收入分配不公的问题；政府引导和促进居民消费结构的改善和社会消费的多样化，抑制不利于健康的消费，提倡节俭，反对铺张浪费等。

《议程》提出的建立可持续的消费模式的三个目标所涵盖的基本内容在今天看来仍然是到位的。《议程》的第一个目标涉及资源环境的约束问题。可持续生产是可持续消费的前提，因而可持续消费不能脱离可持续生产，必须综合考虑生产与消费的环境与资源约束。《议程》的第二个目标涉及基本满足不同层次消费需求的问题。可持续消费的基本原则是提高消费品（含服务产品）的效用，不同的消费结构的效用不同，毫无疑问，满足不同层次的基本需求是优化消费效用的前提。《议程》的第三个目标涉及公平问题。公平消费是可持续消费的重要原则，包括代内公平和代际公平。为此必须对资源边际效用极低的奢侈性、炫耀性消费的泛滥加以抑制，同时积极改变穷人缺乏基本生存保障的状况。这要求一方面要调整收入分配结构，另一方面要树立符合公平正义的消费伦理，并形成资源节约和环境友好的强大舆论氛围，让摆阔式消费无地

---

① 参见 2005 年 10 月《中共中央关于制定国民经济和社会发展第十一个五年规划的建议》，2006 年 10 月《中共中央关于构建社会主义和谐社会若干重大问题的决定》（中共中央十六届六中全会决议），2007 年 10 月《高举中国特色社会主义伟大旗帜为全面夺取全面建设小康社会新胜利而奋斗——在中国共产党第十七次全国代表大会上的报告》，2010 年 10 月《中共中央关于制定国民经济和社会发展第十一个五年规划的建议》，2012 年 10 月《在中国共产党第十八次全国代表大会上的报告》等都提到了消费方式引导问题。

自容。

20 年过去了，中国经济社会各方面都取得了巨大进步。然而，我们可以看到这些预期到 2000 年要实现的目标中大部分至今也没有能够很好地实现。我国可持续消费发展的总体状况不佳。随着经济发展、收入水平的提高，人们生活发生了翻天覆地的变化。尽管随着资源环境压力不断加大，党和政府对节能减排、生态环境保护越来越重视，提出了建设资源节约型、环境友好型社会的目标及科学发展观等具有重大意义的战略方针，有关部门也推出一些举措，比如，1999 年国家经贸委、国家环保总局、卫生部等 7 部委联合倡议并实施"三绿工程"。这是一项以保障食品安全为基本目的，以"提倡绿色消费，培育绿色市场，开辟绿色通道"为主要内容的，以提倡绿色消费为切入点的系统工程。2003 年11 月中国国家标准委员会和认证委员会同时公布实施由国际标准化组织制订的指导公众绿色消费系列标准，为中国企业的绿色产品提供了一个精确的国际标尺。2005 年国务院在关于落实科学发展观加强环境保护的决定中提出，在消费环节要大力倡导环境友好的消费方式，实行环境标志、环境认证和政府绿色采购制度。2006 年会同环保总局制定了环境标志产品政府采购实施意见，公布了环境标志产品政府采购清单等等。这些举措对推进和引导了我国绿色产品的形成和发展，改善企业的环境行为，引导公众、团体可持续消费和建设环境友好型社会都起到了积极的推动作用。近几年来，中国公众的环保意识空前提高，但是我们在现实生活中所看到的是，消费者的实际行为与可持续发展的要求之间的差距非但没有减少，不少方面比 20 年以前还要严重，各种不可持续的消费行为更为普遍。

《议程》提出的建立可持续消费模式的目标至今未能实现的原因很多也很复杂。但无论如何，不能否认存在着受制于当时的发展阶段、制订目标时眼界不够开阔、较为盲目以及政府在引导可持续消费的实践中工作不够得力等问题。

为了发挥好我国政府在引导可持续消费上的作用，使我国在建立可持续消费模式方面能有更积极的进展，本文从《中国 21 世纪议程》提出的建立可持续消费模式的目标未能实现的原因出发，从宏观、微观以及制度层面对我国的若干消费政策进行一些探讨、分析，希望这些探讨、分析能对中国政府在引导建立可持续消费模式上做出更积极的努力，以及对在引导可持续消费进行战略目标和政策的制定，以及制度安排时减少盲目性有所帮助。

一 我国实现可持续消费的目标与战略的 科学性有待进一步提高

1. 我国对于可持续消费的目标尚存在较大的盲目性

政府对于社会经济发展常常从宏观上提出一些目标。设立一些具体目标是政府动员群众、推动政府工作的重要手段。目标设立得合理可行，会对社会经济发展发挥积极的推动作用。反之，如果目标的设立缺乏合理性和可行性，其结果或是目标落空，或是由于强行推进给社会经济发展带来损失，政府的公信力也会不可避免地受到影响。

《议程》提出"中国不能重复工业化国家的发展模式，以资源的高消耗、环境的重污染来换取高速度的经济发展和高消费的生活方式。中国只能根据自己的国情，逐步形成一套低消耗的生产体系和适度消费的生活体系，使人民的生活以一种积极、合理的消费模式步入小康阶段"。

20年之后，我们看到，这些"不能"的事情已在中国成为现实，而要做的事情，又让人觉得仍然那么遥远。这些原则性的提法虽然有时仍然在使用，但实际意义已经不大。不能走发达国家所走过的"高投入、高消耗、高排放、高消费"以及"先污染、后治理"的道路，现在看来只是一种良好的愿望。2001年入世以来，我们的生产体系和生活体系与发达国家越来越趋同，发达国家在工业化过程中出现的问题，我们似乎都在经历，而且常常更为突出。符合我国国情的可持续发展之路怎么走至今仍不甚明确，我国可持续消费模式尚缺乏清晰、可行的目标。

（1）可持续消费的目标应与我国发展阶段相适应

资源消费的可持续是可持续消费的基础。因而《议程》提出的可持续消费的首个目标便是关于资源可持续消费。《议程》提出，要"确保2000年人民生活达到小康的同时，保持人均能源及原材料消耗不再相应增加，并减少有害废物对环境的污染"。可以讲，此目标多少有点超前。此目标明显脱离实际，不符合中国国情。这是《议程》提出的引导建立可持续消费模式的目标难以实现的基本原因。

对于某些发达国家来讲，由于他们的经济发展已进入成熟阶段、能源消耗总量已开始呈现零增长或负增长的趋势，这样一个"保持人均能源及原材料消耗不再相应增加"的目标对于他们或许是合理可行的①。然而，作为中国现阶段的目标显然是不适合的。中国是一个发展中国家，正处于工业化的快速增长阶段。中国人民生活水平的提高，必然伴随着人均能源和原材料消耗的不断提高。改革开放以来，中国经济有了长足发展，但离发达成熟阶段还有相当长的路要走。中国人均能源消耗与发达国家尚有巨大差距②，中国能源消耗总量和人均能源消耗在相当长的时间里仍将以较快的速度继续增长。指望中国在近期内"人均能源及原材料消耗不再相应增加"是不符合中国的国情及行不通的。

（2）可持续消费目标应注重科学性，符合经济发展规律

实践也已清楚地说明了《议程》的目标不具操作性，因而调整是必然的。可以看到，自"十一五"计划（2005年开始）以来，中国的能源消耗目标已改变为降低能源消耗强度。"十一五"的目标是五年里能源消耗强度降低20%。"十二五"计划（2011年开始）的目标是五年里能源消耗强度降低16%。而且都是约束性指标。

这一改变相对于《议程》无疑是巨大的进步。降低能源消耗强度的目标至少允许我国的人均能源消费继续增长，只是对其增长速度低于经济增长速度的程度提出了要求。然而，将能源消耗强度（单位GDP的能源消耗）作为节能减排的约束性目标也并不理想。人们希望用较小的能源消耗实现GDP的增长，从逻辑上讲没有问题。但是，只要稍加分析，便可发现能源消耗强度作为能源效率的度量存在着明显缺陷。

——能源消耗强度不是能源效率的理想度量。

有两个基本事实在这里为人们所忽视（实际上是一个问题两个方面）：一个是能源消耗强度反映的只是当期经济活动规模（GDP）对当期能源消耗的依赖程度，并不能全面反映能源的效率。当期能源消耗不仅是当期GDP的来源，而且也是未来GDP的来源，因而，当期GDP不能覆盖当期能源消耗的全部产出。比如，基础设施建设和其他固定资产投资所消耗的能源除了对当期GDP做出贡献外，还通过凝结在固定资产中，在以后相当长的时期里持续对未来GDP做出贡献。

另一个基本事实是，当期GDP中不仅有当期能源消耗的贡献也有以往能源消耗的贡献。实际上，当期GDP的创造不仅要依靠当期能源消

---

① 为了应对全球气候变化，一些欧盟国家提出了能源消费总量下降的目标。
② 2011年中国人均能源消费尚不到美国的1/4。

耗，而且还要依靠过去的能源消耗。过去的能源消耗是通过凝结在基础设施和其他固定资产中对当期 GDP 做出贡献的。因而，实际投入到当期生产过程中的能源不仅包括当期的能源消耗，还应该包括凝结在各种存量中累积的能源消耗。

发展中国家与发达国家的一个根本性的差别在于发展中国家是资本存量小国，而发达国家是资本存量大国。这意味着，和发展中国家相比，发达国家的 GDP 中来自凝结在资本存量中的能源（和其他资源消耗）的贡献要大得多。而且，不仅仅是在发达国家所拥有的巨大的资本存量中，实际上，他们拥有的所有现代文明，包括科技优势、较高的教育水平、良好的环境等中间都凝结着大量过去的能源消耗。发达国家目前较低的能耗强度是建立在历史上大量能源消耗的基础上的，也意味着，发达国家今日的低能源强度是过去高能源强度的结果。

所以，忽视能源存量的贡献，使用只反映当期能源消耗（流量）的能耗强度指标来考察创造当期 GDP 的能源效率，必定使发达国家的能源效率被高估，而发展中国家的能源效率被低估。显然，能耗强度不能正确地反映所处不同发展阶段国家之间能源效率的差别。

在中国，常常把中国能耗强度比主要发达国家能源消耗强度高多少多少倍[①]当作中国能源效率低、当作中国经济在过度消耗能源的依据，并据此过高估计中国节能的潜力。这种判断显然是片面的。

——能源消耗强度不宜简单作横向比较。

另外，不同区域和不同经济体的能源消耗强度之间缺乏可比性，做简单比较缺乏合理性。实际上，每个地区的能源消耗不仅是本地区 GDP 的来源，而且也是其他地区 GDP 的来源。某个地区的能源消耗强度指标既无法反映这个地区的能源消耗对其他地区 GDP 的贡献，也无法反映其他地区的能耗对该地区 GDP 的贡献。

能源消耗强度在地区之间的差距，与发展水平和技术上的差距有关，但主要还是产业结构的不同决定的。一个地区的产业结构偏重一些还是偏轻一些以及能源密集与否是资源在全国进行配置的结果，与地区的区位特点、资源禀赋，以及全国的产业布局密切相关。所以，简单地用这样一个指标去考核某地区的能源效率和不同地区的能源消耗水平是

---

① 如，中国能源消耗强度 2011 年是美国的 2.18 倍，是日本的 4.39 倍等（根据 BP 世界能源统计数据计算 http://xmecc.xmsme.gov.cn/2013-8/201383145131.htm）。

片面的，缺乏合理性。毫无疑问，考核能源效率或节能效果使用实物量能耗指标在产品层次上或行业层次上进行较为合理。

——能源消耗强度不存在短期内大幅度单调下降的确定规律。

一个经济体的能源消耗强度不是外生决定的，而是内生于所处的发展阶段和当前经济运行状况的，其变动趋势要服从经济增长的需要及客观经济规律。从历史资料可以看出，多数发达国家在实现工业化的进程中，随着经济发展，其能源消耗强度的长期变动曲线呈现先升后降的倒 U 形，也有少数国家则呈倒 W 形，即出现两个或两个以上的峰值。注意，这指的是长期趋势，其短期趋势则不存在这样的规律，各国能源消耗强度不论上升还是下降都是在频繁的波动中进行的，也就是说，在年度之间或某个短时段内，一般并不存在严格的单调上升和单调下降的规律。能耗强度的短期趋势规律是"模糊的"、不确定的。

——过度追求能耗强度短期内的大幅度下降不利于长期发展。

能源强度绝非越低越好，不宜主观上过度追求能耗强度短期内的大幅度下降。从长远看，过度追求能源消耗强度在短期内大幅度下降既不利于我国经济发展，也不利于节能减排。当期能耗强度的过度降低常常意味着未来更多的能源消耗。比如，如果从短期节能减排的角度出发，大力压缩高耗能产业的产能，放慢基础设施建设的速度，特别是忽视对地下基础设施和节能潜力巨大项目的投入（如大量老旧建筑的节能改造），其结果必然是一方面使包含大量凝结在产能中的能源被浪费，另一方面在未来给基础设施"补课"时会消耗更多的能源，同时由于错过了当前资金和劳动力相对丰富、资源价格相对低廉的难得机会，会大大增加我国实现现代化的成本。

应清醒地看到，尽管改革开放以来我国基础设施建设成绩显著，但与发达国家存在的差距仍然非常巨大。不应过分看重表面繁荣、盲目自满。另外，应该看到，资本原始积累过程中消耗的能源（特别是凝结在基础设施中的）被我们当代人享用的只是其中一小部分，其大部分都是要留给后人享用的，为未来的 GDP 做贡献。眼下较高的能源消耗强度则是未来较低的能源消耗强度的必要前提。其实，这就是一个"前人栽树，后人乘凉"的简单道理。因而，不宜简单地认为当前多使用能源必定会影响后人的发展，而要看能源消耗用来干什么，是用来过度消费、挥霍浪费，还是用来从长远发展出发搞建设。

2. 可持续消费的实现离不开正确的战略决策

按照《议程》提出的建立可持续消费模式首个目标的要求，要"减少有害废物对环境的污染"。二十余年来，这个目标的实现也并不理想。中国的环境污染仍然是局部改善，总体恶化。这种情况的出现，在相当程度上与我国过度注重短期发展、缺乏很好的长远战略规划有关。

以雾霾为例。大气污染带来的雾霾是当前中国最令人关注的环境问题之一，至今尚缺乏有效的战略性举措。2013 年 9 月 12 日国务院发布《大气污染防治行动计划》，提出大气污染防治的 10 条措施和京津冀实施细则。雾霾严重的地方政府也纷纷采取各种严厉的措施。然而，可以看到，这些采取的措施基本上是一些传统做法，缺乏具有突破性的有效举措。所提出的主要技术措施仍主要是：降低煤炭在一次能源中的比重、压缩钢铁等高耗能高污染产业的产能、加强对企业排放的监管、限制机动车数量增长、支持电动汽车、鼓励使用节能和低污染设备、技术升级、大力支持节能环保核心技术攻关和相关产业发展等。应该讲，这些措施是有益的也是必要的，但这些均受制于我国的国情，以及经济发展阶段和发展水平，减排的潜力有限。

造成我国污染严重的一个重要原因在于我国能源结构中煤炭占有很大比重。长期以来，中国的能源战略始终强调，要改变能源结构、降低煤炭在一次能源消耗中的比重。新中国成立后，多次实行"煤改油气"的政策，后来除石油、天然气外又增加了核能、可再生能源等。目前，中国能源战略的基本思路仍然没有大的改变。我国能源发展"十二五"规划强调要控制传统能源消费，降低煤炭在一次能源消耗中的比重，同时大力调整能源产业结构，大力开发非常规天然气资源，加快发展核能、水电，以及风能、太阳能等其他可再生能源。这一战略导致了我国把注意力过多地放在控制煤的用量上，同时投入大量资金寄希望于发展新能源（可再生能源）用以替代煤炭，而对煤的清洁、高效使用重视不够。

多年的"减煤"努力，至今也没有能够使煤在一次能源中的比重降到 65% 以下，2013 年煤在我国一次能源中的比重仍为 66%。伴随我国能源消费总量的快速增长，煤的消费一直处于快速增长的状态。我国煤产量 2000 年是 12.99 亿吨（净进口 0.02 亿吨），2012 年为 36.50 亿吨（净进口 2.88 亿吨），年均增长约 2 亿吨，人均煤消费量由 1.10 吨，增加到现在的 3 吨左右。在这种情况下，每年减排努力的结果难以抵消新增污染，出现燃煤污染的加剧不难想象。

日前，各地纷纷出台控制煤炭消费量的举措，但难以改变市场对煤炭的需求。我们看到，尽管煤炭行业的绩效近年来连续回落，然而2013年煤炭投资仍达5263亿元，这意味着煤炭产能仍将进一步增加。所以，煤的清洁使用问题得不到解决，大气雾霾污染问题便难以解决。改变传统采煤、烧煤的用煤方式乃是解决我国能源、环境问题的关键所在。

应该清醒地看到，煤是我国能源结构中的主体，是由中国缺油少气的资源禀赋决定的。我国煤炭资源量达5.3万亿吨，占世界探明储量第三位。它是我国能源安全的"保护神"，同时又是资源浪费的大户和环境污染的最大源头。煤在我国的独特地位与作用决定了，要解决我国环境污染和能源安全问题，都不能回避煤的清洁、有效使用问题，否则都是徒劳的纸上谈兵。由于目前煤炭仍是"肮脏"的燃料，致使以煤为主的能源结构成为我们的一个巨大劣势。可以设想，如果我们能够把煤变成清洁燃料，那么以煤为主的能源结构便成为我们的巨大优势。煤的清洁化对于我国能源状况具有关键性作用。这是我国的基本国情。我国的能源战略必须从这样的国情出发。

可再生能源由于高成本、性能的不稳定在相当长的时期内无法从根本上取代化石能源。在技术尚不成熟的情况下，大力推进这种战略是在用高成本的能源去替代低成本的能源。不论国内还是国外，可再生能源目前都离不开政府补贴。风电、光伏发电、生物质发电，电网接入都需要政府补贴，可再生能源越发展需要的补贴越多。国家财政现在每年都要支出几百亿元用于可再生能源的补贴，有人预测，到2015年将超过1000亿。这种补贴的实质是用化石能源的盈利去补贴可再生能源的亏损。在可再生能源能不能替代化石能源还存在较大不确定性的当前，一味地否定化石燃料煤的利用价值，存在很大的盲目性①。

我们看到，国家对可再生能源发展给予了大量投入，效果不理想是可以预期的。从长远看，化石能源早晚要被用完，可再生能源无疑是世界能源的发展趋势，是全世界面临的共同问题，但要取得突破性进展尚需相当长的时日。可再生能源技术的突破无疑需主要依靠发达国家，而

①　我国已相继颁布了《可再生能源法》、《可再生能源中长期发展规划》、《核电中长期发展规划》，明确了优化能源结构的目标和方向。到2020年我国将逐步提高水电、风电、太阳能和核电等清洁能源的比重，降低煤炭在能源结构中的比重。到那时，我国新能源所占能源结构的比重将达到15%。此外，风能、太阳能、核能的装机发展目标在预计的《新能源产业规划》中也做了大幅度提高。

且发达国家也有动力，特别是在那些没有油又没有气的发达国家。发达国家的能源消费总量已进入相对平稳或呈减少的趋势。中国的国情不同于发达国家，中国的人均能源消费尚不到美国的 1/3，能源消费增长的空间尚很大。因而，中国能源战略不宜盲目照搬发达国家，发展可再生能源应量力而行。据估计，在全球范围内，化石能源至少还能支撑全球100 年到 200 年的发展①，作为一个发展中国家，投入过多的力量去发展可再生能源，并不合算，会大大增加我国经济发展的成本。

事实表明，这样的战略思路不是很成功，严重的雾霾便是例子。近年来出台的治霾举措，不论是"国十条"，还是环保部联合六部委下发的《京津冀及周边地区落实大气污染防治行动计划实施细则》均充分体现了这样的战略。按照《实施细则》，京津冀地区要通过集中供热和清洁能源替代，全面淘汰燃煤小锅炉，实行煤炭消费总量控制。到 2017年底，北京市、天津市、河北省地级及以上城市建成区基本淘汰每小时35 蒸吨及以下燃煤锅炉，城乡接合部地区和其他远郊区县的城镇地区基本淘汰每小时 10 蒸吨及以下燃煤锅炉。北京市、天津市、河北省和山东省压减煤炭消费总量 8300 万吨。

各地出台的治霾举措也均把压煤作为重点。毫无疑问，对煤炭消费总量进行适当控制是必要的，但压煤如何进行，显然应该主要是通过提高煤的使用效率来实现，应该注重压煤的经济合理性，应该大力鼓励高效、清洁的锅炉的使用，切忌按照锅炉的吨位搞盲目的一刀切。

这种一刀切的政策措施至少带来了两个明显的消极影响。一是大大增加了对可再生能源、传统意义上的清洁能源，特别是对进口天然气的依赖。目前，为了压煤，各地纷纷推出用天然气替代煤的强制性政策。这个政策的可行性非常成问题。2013 年京津冀地区的燃煤总量接近 4 亿吨，是世界燃煤强度（单位国土面积承载的燃煤量）最高的地区，达到每年每平方公里燃煤4000 吨的水平，是日本的 5 倍以上，是美国的 30 倍以上。由于传统燃烧技术效率低下，大量未能充分燃尽的燃料以各种形式的污染物弥漫在空中，雾霾是必然的。北京虽然本身不燃煤，但同样不能幸免。我国的天然气主要依

---

① 据中国科学院院士严陆光估计，地球上的石油、煤炭等化石能源大约够用 100 年，50年内新能源还替代不了化石能源。地球数十万年积聚下来的石油、煤炭、天然气等化石能源，大体上可以为人类使用 300 年。根据现在探明的储量和消耗水平计算，石油可用 30—50 年，天然气可用 60—80 年，煤炭可用时间长一些，大约 100—200 年。总体上化石能源大约还可供人类使用 100 年左右。（《长江日报》2011 年 3 月 12 日）

靠进口。如果依赖天然气，则需要再铺设 5 条中俄天然气管道，才能将京津冀地区的燃煤强度降到日本目前的水平，显然这不现实。

现在，一些地方盲目实行煤改气的政策，但没有天然气的充分供应，致使设备闲置，造成巨大浪费。显然，依靠大量进口天然气不是明智的选择，其结果一方面会使我国越来越深地沦落到为能源输出国打工的境地，同时另一方面依靠进口远不能满足我国巨大的需求以及对解决我国能源和环境困境效果十分有限。实践清楚表明，中国的能源战略亟待从中国的国情出发，由过分注重用清洁能源替代煤炭，向更加注重煤等传统能源的高效、清洁使用方向转变。

二是严重制约了清洁煤技术、包括共轭燃煤技术等一些有光明前景的燃烧技术的发展。由于目前的治霾举措在客观上宣判了煤是"肮脏"能源，并且有总量控制的约束性指标，因而在实践中煤炭作为能源处于受排斥的地位，即使是高效、清洁地使用煤炭往往也得不到支持。这样的政策环境显然对高效、清洁的燃煤技术的发展极为不利。如，徐州众凯公司研发成功的共轭燃烧技术可实现煤炭等固体燃料实现燃烧效率接近百分之百，使煤炭、垃圾等大量肮脏燃料的高效、清洁使用成为可能，对破解我国能源和环境困局意义重大。然而，在对共轭燃烧技术进行工业实验的过程中，遇到了地方政府不敢支持，用户由于得不到政府认可而不敢使用的情况。

按照目前煤的使用效率计算，全球的煤储量可供使用 100 年到 200 年。如果共轭燃烧技术得到普及，煤的效率得到大幅度提高，那么，全球现有煤储量可供使用更长的时间。中国作为世界煤炭储量大国，忽视煤高效、清洁使用的努力，片面、盲目地贬低和忽视煤的使用价值是不明智的。

还有，发展煤地下气化（UCG）技术正在成为世界的大趋势，对我国尤其具有难以估量的重大战略意义[①]。如果能够在中国实现煤地下气

---

① UCG 对解决煤炭开采和燃烧带来的污染问题意义非常突出。UCG 通过将煤炭在地下进行不完全燃烧，把煤变为更清洁、更方便使用、具有较高热量的人工煤制气。煤制气既可直接作为能源应用，也可以通过分馏把 H2、CO、CH4 等分开，成为更清洁的能源或化工原料，其中的 CO_2 可以再利用或储存在地下，同时，煤地下气化燃烧产生的有害气体可集中处理、变废为宝，燃烧形成固体废物留在地下，远离地表人类活动场所，避免煤矸石、粉煤灰占地等污染，从而彻底地清除了煤这个最大的污染源。另外，UCG 对于降低生产成本，减少煤炭运输对运力的占用，减轻工人的劳动强度，消除矿难，带动一大批相关产业的发展都有重要意义。特别是，煤的地下气化可以使那些废弃煤矿中残留的大量难采煤和一些质量较低的煤得以充分利用，其对我国能源安全的意义尤为巨大。

化技术（UCG）的产业化，我国面临的能源安全、资源浪费和环境污染问题可得到极大的缓解。然而，遗憾的是国家有关部门至今未能从战略高度对 UCG 技术予以足够的关注。在规划计划、产业政策制定时都没有给发展 UCG 应有的位置。

转变煤炭开发和使用的方式，走"绿煤"之路对中国来讲比发展可再生能源迫切得多，现实意义也大得多。面对严峻的雾霾现象，中国的能源发展战略和能源政策有必要进行适当的调整。从中国基本国情出发，能源战略有必要由过度向新能源倾斜，调整为更多地向改变煤炭开采、使用方式上倾斜，使中国尽快走上"绿煤"之路。如果说发展可再生能源是全世界的事情，而发展洁净煤技术则是绝对关乎我们自己的事情，显然我们首先要管好自己的事情。

雾霾的另一个重要来源是汽车尾气排放，在一些大城市汽车排放则是主要污染源。毫无疑问，目前中国出现的大城市汽车拥堵、污染严重问题与出行消费方式的选择以及与一度忽视公交发展、盲目发展汽车产业的战略失误有关（本书中另有文章分析）。

改革开放以来，中国经济社会取得巨大发展。实事求是地讲，在一个中国这样的发展中大国实现现代化，不是件容易的事，失误是难免的。然而，为了更好地造福于中国人民，应该尽量减少失误，特别是应该避免犯一些低级错误。如果这些目标、战略在出台之前能够经过较充分和较广泛的讨论，上面提到的这些偏差都是可以避免的。大力推进重大公共政策和发展政策的决策科学化和民主化，在中国有着巨大的现实意义。

二 我国引导可持续消费模式的政策体系亟待完善

对于引导建立可持续消费模式，使人民生活以一种积极、合理的消费模式步入小康阶段，《议程》提出的第二个目标是"改进居民消费结构，促进社会消费多样化，基本满足不同层次的消费要求"。此目标比较含糊。应该说，这里缺乏对不同层次消费的性质以及解决这些不同层次不可持续消费问题的方式加以区分。从提出的效果来看，从解决由于贫困造成的不可持续消费角度考虑较多，从过度消费角度考虑得较少。显然，这与我国当时所处的发展阶段有关。《议程》发布的时候（1994年），我国尚属于联合国划分的中低收入国家。以社会主义市场经济体制为明确目标的改革刚刚开始①。社会消费处于较低水平。

　　《议程》发布 20 年来，中国社会经济发生了巨大变化。市场经济体制的建立、世贸组织成员地位的恢复极大地促进了中国经济的发展。中国人均 GDP 由 1994 年的 4044 元提高到 2012 年的 38459 元（是 1994 年的 9 倍多）。中国市场供需关系出现根本性变化，中国过去的"短缺经济"已让位给"过剩经济"。同时，消费需求和消费行为由于收入水平的迅速提高而出现巨大变化。消费结构由轻型（吃、穿、用）向重型（住、行）方向扩展，并不断追求更高的生活质量、更多的物质享受。市场经济的刺激以及全球经济一体化下发达国家生活方式的示范作用，使人们的物质欲望不断膨胀，强烈地冲击着传统的节约、俭朴、自我约束等价值观念。

　　在经济全球化条件下，如何削弱发达国家消费方式对我国中高收入群体消费行为持续的、无止境的引导所产生的影响，是我们应对严峻的资源环境形势、建设资源节约型和环境友好型社会的最大挑战。对于中国，尽管存在能源等资源消耗的合理上升空间，尽管我们强调市场对资源配置的决定性作用，但将消费简单地归于个人权利而放任自流是不可取的。加强需求侧管理、对消费需求、消费行为予以适当的引导和控制是绝对必要的。类似《议程》这样对我国可持续发展的规划，后来就没有再做过。应进一步提高对制定消费引导政策的重要性和迫切性认识，尽快改变我国目前这种消费领域尚缺乏明确的目标和较系统的政策体系，以及对消费需求、消费行为引导、规制不力的状况。

　　按照 1994 年联合国发表的《可持续消费的政策要素》报告中的定义，可持续消费是指提供给人类用来满足基本需求、提高生活质量的服务和产品，应该在其生命周期里所使用的资源量最少，所产生的废弃物和污染物最少，从而不危及后代需求的消费②。该报告还指出可持续消费并不是介于因贫困引起的消费不足和因富裕引起的过度消费之间的折中，而是一种新的消费模式。其基本内涵包括节约资源、减少污染、绿色生活、环保选购、重复使用、多次利用、分类回收、循环再生、保护自然、万物共存等。

　　对可持续消费的基本原则，国内外学者有不少研究。按照较为流行

---

① 1993 年 11 月，中共十四届三中全会通过了《中共中央关于建立社会主义市场经济体制若干问题的决定》。

② Elements of policies for sustainable consumption [R]. UNEP. Nairobi, 1994.

的马斯洛需求层次理论，可持续消费从低级向高级可以划分为五个层次，即安全消费、绿色消费、适度消费、文明消费、健康消费。

安全消费，是可持续消费的最低层次，也是最基本的要求。绿色消费，是指在安全消费基础上，消费者关注消费品本身对自身和环境的影响，在物质消费中偏爱使用对环境和人体健康无害、符合环保要求的绿色产品。适度消费，是指人类关注消费数量的增长及其对外部环境和资源的影响，把消费需求的水平控制在地球承载能力的范围之内，既反对过度消费，也反对过分节约。文明消费（或公平消费原则），是指在尊重每个人的消费自由的同时，尽可能增加对他人和社会的正的外部性，尽可能减少负的外部性。健康消费（或和谐消费的原则），是可持续消费的最高阶段，是指通过消费活动实现人的全面发展，并对社会文明和生态环境带来积极影响，促进人与人、人与自然之间的协调健康发展。

这些关于可持续消费的基本内涵和基本原则无疑是我们对引导可持续消费政策进行评价的重要依据。在我国，引导建立可持续消费模式应从国情出发，应大力提倡消费者保持健康的消费心理，树立建立在社会责任感基础上的消费道德和消费理念，在自然资源承受能力的范围内进行科学合理、适度的消费，以有利于国家、社会及自身的可持续发展。我国现在尚处于消费的最低层次，也就是说安全消费这样一个最基本的要求还没有达到。食品安全目前仍是我国亟待解决的问题。党和政府对此十分重视，各种法律法规正在不断完善，《中华人民共和国食品安全法（修正案）》已被国务院原则通过①并提交全国人大。此法案将建立严格的监管和处罚制度，然而，各项举措真正落实尚需时日。另外，我国大型城市中群租现象严重，安全隐患突出，交通事故、煤矿等各种生产安全事故处于高发状态等。由此可见，在我国要真正实现可持续消费五个层次的内容，将是一项极其艰巨的任务，需要进行长期、多方面、不懈的努力。下面仅就几个突出问题作若干讨论。

1. 消费政策须注重与可持续消费原则的相协调

改革发展取得的重大进展已使中国市场的供需格局发生了根本性的变化。"短缺经济"已让位给"过剩经济"。消费需求不足被认为是中国经济发展面临的重要问题。扩大消费需求已成为政府宏观经济政策的基本原则。中国共产党第十八次代表大会报告指出："要牢牢把握扩大内

---

① 在 2014 年 5 月 14 日召开的国务院常务会议上通过。

需这一战略基点，加快建立扩大消费需求长效机制，释放居民消费潜力。"政府为了稳增长、释放居民消费潜力出台了很多有利于刺激消费需求的政策。应该看到，现实中的这些刺激消费的政策多是短期政策，可持续发展或可持续消费是长期问题，二者之间存在着显著矛盾。

比如，我国曾出台的家电下乡、家电以旧换新等政策。这些政策主要是为家电行业扩大市场需求，解决家电产品出现的积压过剩问题。这无疑是个短期政策。从长期看，对于促进企业产品升级不一定是好事，对消费者也未必是好事。据报道，一些农村消费者为了"赚"几百元钱的优惠，在没有自来水的情况下买了洗衣机，要把洗衣机拿到井边去用。下面我们以对人们消费行为影响甚大的消费信贷政策为例，来说明协调主流经济政策与可持续消费之间存在着的矛盾的重要性。

——认为中国消费需求不足的理由并不充分

在我国普遍认为，消费需求不足是当前我国经济增长中的一个突出问题。其主要依据是自21世纪以来我国消费率呈下降趋势，数据显示我国消费率由2000年的62.3%降至2009年48.2%，而后缓慢升至2012年的49.5%。稍加分析，便可看到，此依据并不充分。

首先，一个国家消费率多高合适，与该国居民收入水平、经济发展阶段决定的增长方式、最终消费支出增长率等因素有关。中国作为世界最大的发展中国家，正处于资本积累的快速增长阶段。我国经济面临的基本问题仍是生产力水平较低，基础设施不足，资本积累的任务远未完成，尚有相当多民众的基本需求未得到满足。消费时代在我国远未到来。投资在相当长的时间内仍是中国增长的主要来源。与发达国家相比，中国的消费率较低是正常的现象①。

其次，我国作为最大的发展中国家，和世界上大多数国家比，居民人均消费不高。但是，我国人均消费的增长速度相当快。自改革开放以来（1979—2012年），中国人均消费增长率为6.57%，远远高于世界平均1.37%的水平。不能认为我国人均消费增长乏力。我国近年来经济增速下降。2012年GDP增长率由2011年的9.3%降至7.8%，2013年又降至7.5%。下行压力明显。一些行业出现较严重的产能过剩，从经济学角度看，中国无疑存在着需求不足的问题。但产能过剩比较突出的行业集中在钢铁、水泥、建筑材料等行业，这些行业都是主要与投资有

---

① 发达国家一般多在65%—70%之间，我国目前在50%左右。

关，显然，这也不能作为消费需求不足的依据。

另外，应该看到，消费率统计中不包括购房资金。自 1998 年房改以来，我国城镇居民由享受福利分房到需要自己租房买房，居民购房资金急剧增加，目前正处于购房的高峰期，大量消费资金分流到购房，这是消费率下降的重要原因。当我们按照广义消费计算的话（即在消费统计数字的基础上加上居民购置房屋的资金），得出的结果表明，近年来居民消费占 GDP 的比重基本稳定在的①。说明消费率出现下降主要原因是住房制度改革引起的，不同时间段的数据存在不可比因素。

可见，简单地根据消费占 GDP 的比重，便得出我国居民消费增长乏力，应该大力刺激消费的结论，存在较大的盲目性。

——谨防消费信贷工具的过度使用

自 1999 年 3 月，中国人民银行发布《关于开展个人消费信贷的指导意见》开始，消费信贷便成为中国政府扩大内需的重要手段。毫无疑问，消费信贷的出台很大程度上是为了配合 1998 年的房改，适应城镇居民由享受福利分房到需要自己买房的转变。

在消费进入耐用品时代之后，消费信贷的出现具有合理性。消费信贷被认为是最基本、最流行的“金融创新”。消费信贷的出现为那些收入有限、一时无力购买耐用品的消费者提供了支付能力，起到刺激消费、开拓市场、扩大需求的作用，对生产者无疑是利好。从消费者角度，消费信贷有利于消费者从耐用品中获得更多的福利。在中国流行着美国老人和中国老人购房时由于分别采取了银行贷款和完全自付两种不同方式，而享受到完全不同福利的故事。具有一定收入水平的消费者对于消费信贷均采取欣然接受的态度。这是因为消费信贷提供的超前消费的确使消费者在个人生命周期内享受到的福利有所提高。

在肯定消费信贷的合理性的同时，对于消费信贷的弊端特别是消费信贷过度使用的弊端应有清醒的认识。目前，利用消费信贷等金融手段刺激消费需求是资本主义国家促进经济增长的重要手段。从宏观经济角度，当社会总供给大于社会总需求时，消费信贷的推行可以提前释放未来的社会需求，实现社会总供给与社会总需求的平衡，从而达到促进经

---

① 如果按广义消费率计算，2000 年至 2012 年，我国稳定在 60% 左右。

济增长的目的。目前，资本主义国家多属于这种情况。资本主义制度下生产资料的私人占有必然导致贫富两极分化以及无产阶级的贫困化，储蓄率越来越低，消费需求不足成为资本主义国家的常态。这种消费需求不足是制度性的。我们看到，发达国家不论政府还是老百姓都是借钱过日子。这也是发达国家经济越来越金融化的重要原因之一。不能认为这是健康经济体的正常现象。

应该看到，消费信贷或借钱过日子的实质是提前透支未来的消费需求或超前消费，由此带来的供需平衡是暂时的。这种情况很容易造成对宏观经济形势的误判，并带来对宏观调控的误导，会使得这种制度性缺陷引发的失衡长期得不到解决，并使实际的供需失衡越发严重。当这种失衡靠包括消费信贷在内的金融创新无法解决时，或靠信贷已无法支撑人们的消费水平时，金融危机、经济危机的发生将不可避免。这是因为，尽管在特定时期内特定条件下的消费信贷对促进经济增长具有一定意义，但并不能从根本上解决资本主义制度难以克服的矛盾，只能暂时缓解，使其深层矛盾在某种程度上被掩盖。近年来，西方国家出现的债务危机和超前消费行为的流行有密切关系。值得注意的是，消费信贷的使用是有门槛的。2008 年美国次贷危机的爆发，就是由于降低了门槛而导致消费信贷的过度发放，可以认为这是消费信贷制度过度使用或滥用带来的后果。

毫无疑问，我国与发达国家的情况不同。但是我国同样存在消费信贷过度使用的问题。中国处于向社会主义市场经济体制转变的过程中，按理讲，中国要建立的经济制度是以公有制为主导的市场经济制度，应该是能够克服资本主义生产资料私人占有制所带来的危机的。在中国不应存在这种必然的、难以克服的体制性供需失衡。中国出现的供需失衡应属于技术性的，是可以通过宏观调控解决的。

我国虽然已经由一般意义的"短缺经济"转变为"过剩经济"，但我国总体收入水平较低，特别是不完善的市场经济机制和腐败造成的两极分化，相当多百姓的基本需求仍未得到满足，特别是公共产品（包括公共服务）供给严重不足。因而，我国经济存在着的结构失衡是供给与需求不足同时存在，并非简单的需求不足或供给不足。消费信贷发放的背景与发达国家有很大不同。

我国的消费信贷主要是房贷。目前只能收集到 2007 年之后的房贷余额和消费性信贷余额的数字①。我国房贷余额呈迅速增加态势，2007年到 2013 年的六年间，房贷余额由 3.00 万亿提高到 9.00 万亿。消费信贷余额由 3.2 万亿提高到 12.97 万亿。由于没有住房公积金贷款的数字，所以我们无法知道房贷的总额。但我国消费信贷迅速增长，而且增长速度远远大于 GDP 和人均国民收入的增长速度是不争的事实。

消费信贷的过度使用对中国经济的负面影响尚未引起人们的足够注意。以 2009—2010 年中国发生的经济过热为例。这次过热与消费信贷助推的超前消费需求有关。从消费信贷余额（不包括住房公积金信贷）的数字我们可以看到，2010 年为 6.20 万亿元，而 2008 年只有 2.98 万亿元，两年翻了一番多，消费信贷超发制造出旺盛的即期消费需求（特别是住房需求），而供给难以满足，致使 2009—2010 年房价出现暴涨，2009 年房价的涨幅竟然高达 23.2%，而这一年 M2 的涨幅为 28.4%，CPI 涨幅为 -0.07%，可见是信贷超发推升了房价，助推了房地产的巨大泡沫风险。住房旺盛的超前消费需求，带动了相关产业的过热。近两年的经济偏冷与前几年的经济过热不无关系。消费信贷过度使用对中国经济的负面影响不是本文要讨论的主要范围，暂且简单说到这里。回到可持续消费的角度，可以看到，消费信贷的过度使用至少有两个不容忽视的消极意义：

（1）鼓励超前消费，助长奢华和浪费之风，与适度消费的原则相悖

适度消费是可持续消费的基本原则之一。适度消费一般指适当、合理的消费，消费的数量和质量都应符合客观的规律性。从整个社会来讲，消费水平应与经济发展水平相适应；消费者应该按照有益于人类的生存与发展需要合理消费，同时要求人类把消费需求水平控制在地球可承载的范围之内。从伦理角度则要求个人需要的合理性与社会道德的正当性。这意味着，个体合理适度的消费需要不仅要体现"量入为出"，而且还要考虑社会整体消费水平，及个体需要与社会道德一致。每个人都对自然资源负有合理使用或适度使用的责任，不能因为个人的奢侈无度，就过度地加重全球生态系统的负担，从而违背对自然的道德正当性。因而，适度消费意味着消费者权利与消费者责任的平衡。

超前消费是一种超越消费者自己收入水平和收入能力的消费行为。

---

① 商业性个人住房贷款，根据《货币政策执行报告》；居民消费贷款，根据《中国人民银行季报》。

采取超前消费方式的消费者往往以享乐、虚荣为目的，盲目攀比，而不顾自身经济实力、不计后果。消费信贷直接为消费者的超前消费提供了可能，使消费者得以"寅吃卯粮"，今天花明天的钱。毫无疑问，超前消费一方面会使地球资源消耗加快，使消费的资源超过了与收入水平相适应的水平，加速了生态环境的恶化；另一方面助长了全社会追求享乐、奢靡、浪费之风。这种消费模式会导致人们物质欲望的膨胀，不利于物质和精神的平衡发展。

中国的现实已经清楚地说明了这一点。随着消费信贷的队伍不断扩大，大量年轻人通过消费信贷提前实现对住房、汽车等高价值消费品的需求。同时，大量的青壮年因而沦为房奴、车奴、卡奴。一个社会，大量的青壮年是房奴、车奴、卡奴，绝非好事。如果消费信贷建立在消费者有相当经济实力的基础之上，那可以另当别论。但享受消费信贷的人中相当多的人有较大的盲目性，有违"量入为出"的消费原则。由于无须先付出辛勤的劳动、为社会做出贡献而获得自身价值之后再去享受自己的劳动成果，比较轻易能够做到，这势必助长全社会花钱大手大脚、追求物质享乐的风气。

（2）消费信贷过度使用会扩大分配不公，与公平消费的原则相悖

消费信贷对贫富两极分化的推动作用不可忽视。可以想见，随着享受消费信贷的消费者队伍的扩大，社会的消费能力有很大提高，在供给没有增加的情况下消费需求的增加会导致物价水平的提高。物价水平的提高会导致社会购买力的下降，受影响最大的则是那些无力享受消费信贷的中低收入群体。其结果是贫富两极分化程度的加剧。

中国的消费信贷主要去向是住房。房改以来，中国住房价格持续上涨。房价上涨的原因很多很复杂，但消费信贷带来的超前消费无疑是重要推手。由于我国还没有征收房产税，空置房持有成本很低，造成房地产投机活动旺盛。消费信贷在这些投机活动中发挥着推波助澜的作用。利用消费信贷这个金融工具，不少人特别是那些炒房团在获取暴利的同时推动房价迅速提升，使得普通老百姓收入的增长怎么也赶不上房价的提高速度。一方面，消费信贷推动的房价上涨使更多的人进入消费信贷的行列，是一种恶性循环；另一方面，消费信贷对原有收入分配格局起的恶化作用，使相当多原来买不起住房的人更加买不起，这有违公平消费的原则。

消费信贷的过度使用助长了社会投机之风盛行，对我国长远发展不

利。消费信贷超发助推的投机活动对依靠诚实劳动的人是一种打击，挫伤了他们认真做事业的积极性，不利于国家发展。而对于弱势群体来讲，这种贫者越来越贫的状况会使他们感到难以依靠个人奋斗改变困境，不利于社会稳定。

当然，中国房价持续走高的基本原因是住房供给不足，特别是保障性住房供给不足，由消费信贷助推的投机活动仅是其次生原因，仅是起着推波助澜的作用。保障房供给严重不足以及房价上涨的预期，把大量本来应该享受保障房的没有能力买房的年轻人挤入购房的队伍中，使他们通过消费信贷得以走上超前消费之路。消费信贷过度使用在这里起着使消费行为发生扭曲的作用。

应该清醒地看到，任何金融创新均是有利有弊。从长远看，都会或多或少的对经济社会带来伤害。从总体上看，其无一例外都是对金融资本有利，对有钱人有利，对穷人不利。应在慎重使用消费信贷的同时，通过加大保障房的建设力度来解决那些无力买房阶层的住房问题。目前，为抑制投机，我国对消费信贷采取了限制性政策。但仍然允许给第二套住房贷款，只是利息上浮 10%。消费信贷只对中高收入人群有意义，而对中低收入人群没有意义。但在造成心理上的负面影响这一点上是相同的。

除了消费信贷以外，我国还有前面提到的一些与可持续消费原则明显相悖的消费政策。如，前几年出台的家电以旧换新的补贴政策，汽车以旧换新的政策，家电下乡的政策，等等。相对于消费信贷，这些政策是以补贴这样一种更为直接的方式推动超前消费。

2. 我国可持续消费政策法规尚有较多缺位

我们看到，中国市场导向的改革在给中国经济注入强大活力的同时，空前激发了中国民众的物质欲望和意念。由于对"贫穷社会主义"的反思以及对"富裕起来"的渴望，使我国在一段时期里重蹈发达国家传统的以财富为中心的发展之路，社会主义的人文追求被边缘化。在消费领域则不假思索地全面模仿发达国家的生活方式。在中国，人们虽然也承认发达国家的消费方式、生活方式不应是中国的方向，但行为上仍亦步亦趋地汇入这般潮流，高耗能的生活方式大行其道，在奢华方面甚至比发达国家有过之而无不及。只是我们的总体收入水平远低于发达国家，消费规模相对较小而已。

物质欲望的膨胀使拜金主义、享乐主义、消费主义在中国盛行。可以看到，"时间就是金钱"是深圳的招牌性口号。"恭喜发财"是2005年春晚唱的第一首歌曲。消费主义在中国与好面子的传统、暴发户心理和公款消费相结合，使在中国盛行的追逐奢侈，炫耀阔绰的风气愈演愈烈。特别可怕的是一些领导人以政府、国家的名义，以城市的名义以铺张浪费、讲排场为荣，在大型公共建筑和城市面貌上大肆浪费公共资源。

尽管对中国实施可持续发展战略，在能源节约、生态环境保护方面进行了一些努力，在构建两型社会、落实科学发展观的过程中，也确实取得了一些显著成绩，但是，总体来看，中国实现可持续发展的实践尚缺乏实质性或突破性的进展。

令人欣慰的是，新一届领导集体在执政伊始，便带头廉洁自律，发布了中央政治局关于改进工作作风、密切联系群众的八项规定，刮起了声势浩大的反腐倡廉的风暴，并对于公款消费、大兴建楼堂馆所等顽疾采取了断然措施。这对于遏制社会流行的追求奢华、铺张浪费，提倡勤俭节约风气、对推动公共领域的可持续消费的歪风发挥了重要作用。尽管服务业因此受到一定影响，但其对减少GDP中的泡沫、推动物质文明与精神文明的协调发展的意义难以估量。

为了让新一届领导集体刮起的这股清风在中国大地上持续下去，深入下去，就必须落实到制度建设、政策制定上；同时还要进一步将这一清风从公共消费领域吹向私人消费领域、吹向全社会，构建起我国完整的可持续消费政策体系，改变政策严重缺位的状况是其重要一环。

（1）我国可持续消费的舆论引导严重欠缺

目前，中国对消费者生活方式、消费方式的舆论导向方面存在明显偏差。

——经济主义、消费主义的思潮泛滥。

毋庸置疑，建立可持续消费模式要求有一个良好的人文环境。很难想象，在一个浮躁、急功近利、拜金主义、享乐主义和个人主义膨胀的社会里；在一个缺乏诚信、缺乏爱心和社会责任感的社会里；在一个贫富两极分化的社会里能够建设起资源节约和环境友好型社会。

由于对"贫穷社会主义"的反思以及对"富裕起来"的渴望，使我国在一段时期里重蹈发达国家传统的以财富为中心的发展之路，社会主义的人文追求被边缘化。不少人把"以经济建设为中心""发展是硬道理"理解为经济至上，经济总量的增长被放在首位，其他目标都处于从属地位。精神文明和道德建设也都被看作发展经济的手段。所有问题都被"还原"为经济问题。这些都是典型的经济主义观点。

在实践上经济主义表现为盲目、片面追求财富总量（GDP）的短期增长；粗放式地利用自然资源、人力资源，粗放式地污染环境；忽略人的精神需求和人文追求、忽视人自身的发展。经济主义在当代的一个重要表现是消费主义。20世纪后半叶以来，面对经济增长越来越受到有效需求不足的制约，消费受到前所未有的鼓励。消费主义应运而生。消费主义是一种严重短视和片面性极强的庸俗主义。消费主义不仅看重消费品的使用价值，而且更看重其象征意义；把消费看作是"精神满足和自我满足"的根本途径。在市场面前，除了更多地占有物质财富，做消费机器，其他活动似乎不再具有任何意义。从全球来看，消费主义是造成奢侈性消费、过度消费和资源浪费的重要原因。在西方虽然有这些消费主义存在，但同时在宗教和精神层面上有许多的道德约束，知识界也有很大的谴责和声讨的声音，所以，消费主义者是有所收敛的。可是在中国，在与国际接轨的口号下，商业化、消费主义常常受到鼓励，而越发缺乏分寸和节制。

改革开放以来，随着市场经济体制的引入，人民收入水平的提高，人们物质欲望的迅速膨胀。在这种情况下，大众传媒热衷于传播物质文化，把消费水平的提高简单等同于社会进步。盲目渲染西方的生活方式，不恰当地赞美其物质丰富、商品高档、生活享受，导致现实中不适当的模仿。对于西方消费文化中的"拜金主义""享乐主义""放纵主义""个人主义"等不良倾向，以及种种"畸形消费""炫耀消费"等消费陋习缺乏必要的批判。

强大的过度商业化的媒体每天都在传播着经济主义和消费主义理念，铺天盖地、虚假夸张的广告无处不在，使得处于大数据时代的人们，越来越依赖于各类带有商业动机的虚假宣传和报道，为了获得足够的物质商品，越来越多的人加入了金钱拜物教。

对于如何继承发扬中国传统消费文化中，"黜奢崇俭""天人合一""重义轻利""以人为本"等合理成分注重不够。崇尚勤俭节约的美德被视为守旧，甚至被视为经济发展和社会进步的障碍，奢侈豪华、铺张浪费反成时尚。

某些阶层不适当或过度地被宣传、颂扬。贫者、弱者在社会上缺乏应有的保护。高消费行为成了社会地位甚至社会贡献的标志。正是这些错误的舆论导向，导致社会价值取向的扭曲，助推着不恰当的、不可持续的消费模式在我国发展。

在中国的消费中，追求名牌、追求高档产品、相互攀比、购买奢侈品的行为越来越多，特别是在中国年轻一代中，不顾个人承受能力，购买高档消费品的行为日益增多。据世界奢侈品协会 2012 年 1 月 11 日最新公布的中国十年官方报告显示，截至 2011 年 12 月底，中国奢侈品市场年消费总额已经达到 126 亿美元（不包括私人飞机、游艇与豪华车），占据全球份额的 28%，中国已经成为全球占有率最高的奢侈品消费国家①。特别值得注意的是，中国"未富先奢"的特点。世界上奢侈品消费的平均水平是用自己财富的 4% 左右去购买，而在中国，用 40% 甚至更多的比例去实现"梦想"的情况屡见不鲜。不少年轻人热衷于买一些顶级品牌的小配件，以暗示自己也是顶级消费阶层中的一员，追求虚荣。中国奢侈品行业的繁荣，是中国国民收入分配不公的一个佐证，也是消费主义泛滥的结果。不论从建设资源节约型、环境友好型社会的角度，还是构建和谐社会的角度，都应对奢侈性、炫耀性消费利用税收杠杆予以必要的抑制，并用这些税收定向用于救助弱势群体；同时，政府对富人投身公益事业、慈善事业应采取措施予以积极引导和鼓励，创造一个良好的社会环境。

马克思曾尖锐地指出："古代国家灭亡的标志不是生产过剩，而是骇人听闻和荒诞无稽的程度的消费过度和疯狂的消费。"对于现代国家是同样的，一个过度追求物质享受的社会是没前途的。

我党一贯重视舆论的引导作用。然而，在限制消费主义泛滥，传播科学消费观方面却不够有力。如何把大众传媒（包括网络）塑造成为传播健康的生活方式和可持续消费理念的中介机构的问题，至今没有很好地解决。过度的商业化及利益驱动使得中国的大众传媒热衷于传播经济主义、消费主义。

——营造可持续消费的良好人文环境。

我国是社会主义国家。社会主义实际上反映的是一种文化、一种人文精神或人文追求。走人文发展之路是不言而喻的事情。严酷的现实表明，大自然尚可以满足少数人的贪婪，但不能满足几十亿人无节制的欲

---

① 中国奢侈品消费全球第一的隐忧，2012 年 01 月 16 日 09：05 来源：半月谈，http：//finance. chinanews. com/cj/2012/01 - 16/3606425. shtml。

求。从可行的角度来讲，以经济主义和消费主义为导向的生产方式和消费方式是不可持续的。要实现可持续发展，人类必须控制自己的物欲，特别是在实现小康社会之后，应在建设自己的精神家园上下更多的工夫，这对于我们中国这样一个人口大国显得尤为重要。因而，转变传统的发展模式关键在于能够形成中国特色的物质生活俭朴、精神文化生活丰富的消费方式。

"人是要有点精神的。"应该摒弃经济主义和消费主义，应鼓励人有更多的精神追求，注意提高消费结构中文化消费和精神消费的比例。要理直气壮地鼓励节俭，并要形成风气。在世界，是百年来的现代化和商业化，在中国，是近二三十年刚膨胀起来的大都市生活和商业的发达，特别是过度的市场化、商业化，尤其是无处不在的大量的商品广告宣传和舆论的引导下，人们的道德观念和价值观念被潜移默化地改变了，消费主义、奢侈主义的生活方式被人们慢慢地接受了，让人们对节俭这一传统美德淡漠了。

节俭是中国社会几千年的传统美德，节俭后来变成了红色传统。新中国建立后成长起来的一代人便是在这种厉行节约、艰苦朴素、自力更生、奋发图强的政治传统鼓舞下成长起来的。应该讲，勤俭节约的传统教育也是符合爱国主义本义的。这些理念和准则，应该灌输给下一代青少年，这些优秀的传统应当大力继承。用勤俭节约的传统教育下一代，规范社会的消费行为，尽量减少浪费性的消费，应是建设资源节约型、环境友好型社会所要做的一件基础性工作。

在强调市场在资源配置上的决定性作用的背景下，大力弘扬道德、精神的力量，树立科学的消费观显得尤为必要。可持续消费模式形成的关键在于提高消费者可持续消费的意愿。为此，要使消费者更好地了解可持续消费的意义，同时注重传播、普及安全消费、绿色消费、适度消费、文明消费、健康消费的知识和理念，努力营造建设资源节约、环境友好型社会的良好氛围，大力提倡物质生活朴素、精神生活丰富的生活方式，形成勤俭节约光荣、奢华浪费可耻的强大舆论氛围。

教育和宣传的重要性怎么强调都不过分。建设资源节约型和环境友好型社会，可持续消费模式的引导必须要加强教育。政府、媒体、教育主管部门、学校都有责任。要把全球、中国面临的环境资源危机的威胁及正确的消费理念写进教科书，要通过各种传播手段在社会上形成强大的舆论。要从青少年抓起，从小养成艰苦朴素、勤俭节约、适度消费、绿色消费的良好习惯，抵制社会流行的追求虚荣、盲目攀比、重物质轻精神、见物不见人的不良风气。

对于要不要节欲的问题，存在着不同的看法。有人认为，如果以"节欲"的方式来实现资源消费的绝对减少，从而达到资源"节约"的目的，则必然引起消费需求不足，经济萎缩，失业率上升，社会萧条。这显然是片面的。首先，在社会中个人的欲望不可能不受任何约束，无论是公众的还是生产部门的资源消费行为，都需要由社会来加以约束，公众的能源消费行为，需要正确的引导，要对不当行为进行矫正，对青少年进行行为规范教育，倡导科学、合理、有节制的消费行为是建设资源节约型、环境友好型社会的重要内容。其次，当人们的收入水平达到一定水平之后，一般来讲，人们的"节欲"不会是基本需求方面，而往往是在奢侈品方面。这正是需要抑制的。如果人类公认是美德的事情在一个制度下却变成了罪恶，那么，这个制度将是不可持续的。

应该从理念上让人们都知道："那些有一千条裙子，一万双鞋子的女人们，她们是有罪的"；"那些有十几辆豪华轿车的男人们，他们是有罪的"；"那些置买了私人飞机的人，他们是有罪的，尽管在这个世界上有了钱就可以为所欲为，但他们的为所欲为是对人类的犯罪，即便他们的钱是用合法的手段挣来的。"[①]

特别应该把这种教育由停留于一般号召变为注重使人们在日常生活中养成良好习惯上下工夫，让全体人民能够从一点一滴做起。很多国家都能很好地把资源节约与环境保护融入到了生活的细节之中。例如，尽管美国的国民消费水平位居世界之首，而且是一个存在严重过度消费的国家，但美国公立中小学的学生课本是重复利用的。由于我国的总体消费水平较低，因而总体上老百姓的生活方式相对于美国要"绿色"得多。然而，在我国日常生活的细节中存在着大量浪费资源的现象，在很多方面并不比美国少，而且至今未引起重视。

例如，2009 年联合国能源组织（IAE）提出"待机能源消耗"（standby power）问题，全球待机功率造成的大气污染等于航空工业所造成的污染量的 1/3。最近 IAE 又提出，由于新型网络消费电子设备的出现，网络设备的待机功率已赶上或超过传统电子设备的待机功率。而据

---

① 莫言《悠着点，慢着点——"贫富与欲望"漫谈》，在第二届"东亚文学论坛"上的讲演，2010 年 12 月 3 日。

估计，在我国，每个家庭家用电器（电脑、电视、空调、饮水机等）的待机能耗加在一起，相当于亮着一盏 30—60 瓦的长明灯。全国每年待机浪费的电量高达 180 亿度了相当于 3 个大亚湾核电站年发电量。我国在节能方面的举措尚停留在提高电费的经济手段阶段，缺乏更严格有效的具体手段，宣传教育也非常薄弱。而美国小布什总统早在 2007 年就宣布了"3 瓦待机功率"的政策，作为所有政府机关的采购标准。

应在民众中大力提倡文明的消费行为。比如，养成随手关电源的习惯，参与二手市场交易、变废为宝的活动，自觉选择绿色消费品、节能电器、购买小排气量的轿车，出行尽量乘坐公共交通工具、自行车或步行、节约洗浴用水、缩短洗浴时间、减量消费，等等。

对于民间流行的陋习，如炫富、人情消费、婚丧嫁娶讲排场等，都应该有明确的态度。而且还应切记身教胜于言教，我们的各级领导者、共产党员应带头身体力行，以实际行动做全国人民的表率，家长要带头做青少年的表率。不应只把勤俭节约看成简单的减少支出的问题，而应把宣传、引导可持续消费作为精神文明建设的重要组成部分。

（2）可持续消费的规范和规则缺失

市场经济从本质上说是法制经济。可持续消费模式的建立，离不开规范和明确的消费规则。毫无疑问，法律是可持续消费最重要的规范。因此，建立和完善可持续发展和可持续消费的法律体系是可持续消费模式建立的最基本前提。

——可持续消费需单独立法。

我国已形成了较为完善的生态环境保护的法律体系。然而目前，我国涉及生态环境保护的法律法规多从生产角度，尚没有从正面针对可持续消费或绿色消费进行较为系统的立法。在生产领域，我国有《清洁生产促进法》《循环经济促进法》《环境影响评价法》等法律法规及相关产业政策，可以形成较为完整的绿色制造业体系。在这些法律条文中，涉及有关可持续消费或绿色消费的内容仅仅是在个别词语上提到，或仅从侧面有所涉及。

例如，在《中华人民共和国清洁生产促进法》中第十六条规定，各级人民政府应当优先采购节能、节水、废物再生利用等有利于环境与资源保护的产品。各级人民政府应当通过宣传、教育等措施，鼓励公众购买和使用节能、节水、废物再生利用等有利于环境与资源保护的产品。再如，《循环经济促进法》以及《关于限制生产销售使用塑料购物袋的通知》中都有关于对消费行为限制的内容。

由于没有正面针对消费者行为、整个产品消费过程系统的法律法规，使我国的可持续消费模式的形成缺乏明确的规范和有效保障。从我国的传统习惯以及有利于推动可持续消费模式建立的角度讲，可持续消费或绿色消费有必要单独立法。立法本身实际上是建立可持续消费模式过程中的一个至关重要的环节。立法前需要做大量准备工作，需要进行大量理论结合实际的研究，需要借鉴国际上的经验教训。将极大地推动我国关于可持续消费的研究，有助于把中国采取什么样的消费模式的思路厘清楚。

——已有的法律法规有待修改、完善。

1994 年我国制定了《中国 21 世纪议程》，这是迄今为止我国对建立可持续消费模式有最详细阐述的纲领性文件。但此文件已经过时，尚无新的加以替代。导致我国消费模式取向不明确的问题。

中国尽管尚没有专门的可持续消费的法律，但很多法律（如上面提到的《节约能源法》、《循环经济促进法》等）都涉及可持续消费的内容。这些法律制定出来很多年了，很少听说什么人因为不遵守这些法律的规定受到过处罚，或对那些不认真履行职责的政府部门追究责任。这与我国的一些法律原则性的表述较多，可操作性较差有关，也与监管手段不力，监管制度不完善，监管不到位有关，因而效果常常并不理想。

可持续消费模式的建立涉及政治、社会、经济、生态环境的各个方面。需要有关政策、法律、法规的协调使用。因此，为了营造一个有利于可持续消费发展的良好环境，除了对可持续消费单独立法外，还应尽快废止或者修改、补充、完善那些不适应可持续消费发展的法律、法规和规章。比如，应在《中华人民共和国公司法》中考虑增加关于公司在推进可持续消费发展方面应承担的社会责任，对公司如何进行可持续消费进行规划，对不可持续的行为进行处罚，强化公司的可持续消费责任意识。再比如，在《中华人民共和国清洁生产促进法》中应强调可持续生产对于可持续消费的重要性，以及不可持续生产方式和消费方式都是不符合可持续发展的。

对于一些与消费者相关的法律更应该进行完善。比如，应在《中华人民共和国消费者权益保护法》中提出"可持续消费"的概念，增加鼓励可持续消费的条款。应在对消费者权利和义务进行规定时表明，消费者不仅享有行使可持续消费的权利，而且必须履行可持续消费的义务。

还应对消费者不规范的消费行为明确其应受到的惩罚和承担的责任。

——可持续消费管理缺位问题亟待解决。

在发展中国家，我国有关生态环境保护的法律体系已属相当完善之列。然而，执行得并不理想。但主要原因还是我国法制不健全，监管不到位，至今有法不依、执法不严的现象仍十分严重。

可持续消费模式的建立需要一个过程。有些问题由于条件不成熟暂时解决不了，然而，有不少事情经过努力是能够做到的，还有很多事是不难做到而没有去做的，这里面很大程度是政府不作为。如，节约用水问题。总是在讲北京是缺水城市，国家为此还投巨资实施南水北调工程。然而，在北京感觉不到人们有节水的意识，而看到的是，到处大面积种草，然后漫灌式地浇水，到处可以看到路边用自来水洗车，家庭使用节水设施的很少。北京被认为是世界上用水最浪费的城市。如对于同样缺水的德国，人均每天生活用水量不到 130 升，而北京人均生活用水量是 300 升，是德国的 2.5 倍以上①。再如，垃圾分类，回收使用问题。经过多年的宣传普及，北京有不少居民已经习惯这样做了，但由于北京垃圾处理多采取简单填埋的办法，因而垃圾站不需要分类，结果原来分类的垃圾到了垃圾站又混起来了。还有，和国外相比，过度包装问题十分严重，在中国好像也没人管。新一届领导接班以来公款消费有所收敛，但仍任重道远，公车消费、权力消费等问题仍是雷声大雨点小。公权力缺乏透明、缺乏有效监督等问题尚无突破性进展。

政府管理缺位直接导致中国消费模式的取向不明确。目前，我国消费模式的取向选择较为盲目。不同的消费政策会孕育出不同的消费模式。应该看到，即使是同为西方国家，也有不同的消费模式。西方至少存在两种形成鲜明对比的消费模式，一种以美国为代表，一种以日本为代表。美国属于过度消费的模式，其特点是消费设施追求大空间，独立性。美国的大房子、大汽车明显比其他发达国家多得多。这种消费模式既与美国的资源禀赋、公众的传统习惯有关，也与政府政策的鼓励有关。自 20 世纪 70 年代两次石油危机尤其 90 年代以来在全球气候变化压力不断加大，不可持续消费的危害性日益显现。美国政府的政策出现明显改变。21 世纪以来，特别是在过度消费的消费模式影响下及次贷危机

---

① 王维洛：《评中国：南水北调———一江污水向北流》http://www.bbc.co.uk/zhongwen/trad/focus_ on_ china/2014/01/140106_ cr_ chinawater_ bywangweiluo. shtml。

发生之后，美国政府出台了若干个政策或计划来推动节能环保和对消费模式进行调整。但难以根本改变。

而日本实行的是与美国截然不同的消费模式，是一种有强烈资源忧患意识的资源节约型和环境友好型的消费模式。其特点是消费设施追求节约和生活共享性，体现了强烈的资源忧患意识、环保意识、责任意识。节约和环保成了民众和整个社会的自觉行动。不论是各种可持续消费的激励政策，还是对可持续消费的宣传、引导都做得相当到位。

中国的现实国情和发展目标决定了我国不能仿效美国的消费模式，应该向日本学习。然而，中国的现状怎么看都是在向美国看齐。日本都是小房子（住宅多为70平方米左右）、旅馆的房间多数很小，单人间很多，汽车也是小排量的多，而中国时兴大房子①，旅馆的房间也很大，单人间很少，汽车也是追求大排量，"月光族"越来越多。尽管我国土地资源极为短缺，但我国城市建设中土地浪费现象极为严重，建造大量封闭式的住宅小区、学校、机关等单位大院，大型建筑过多，造成大量的土地、绿地、道路在小区里大院内无法被社会共享。中国城市的道路、空间大量被这些小区、大院分割、占用，效率极低。规划极不合理，与日本资源使用讲究节约、讲究共享的做法成鲜明对比。

一般来讲，不可持续消费的发生缘于市场失效。克服市场看不见的手的失效有赖于政府看得见的手。引导可持续消费模式的建立无疑是政府的责任，政府是责任主体。在中国，政府缺位的现象十分普遍，上面提到的一些只是其中很少一部分。

在中国特色社会主义条件下，政府的作用显得更为重要。中国现行体制的最突出优势在于政府具有强大的动员、整合、协调资源的能力。在中国，只要政府执意要做的事，就能办成，这是人们普遍认同的一个观点。期待"不该管的越位，该管的缺位"这样一个中国各级政府的老大难问题能够通过改革尽快得到解决。

三　强化政府在满足人民基本消费需求方面的责任

改革开放使中国社会经济获得了巨大的发展，与此同时，中国的贫

---

① 北京经济适用房的补贴标准一般为70平方米，国家机关或国有企事业单位可补贴80平方米以上。北京新建商品房约90%在100平方米以上。

富差距也达到了前所未有的程度，收入分配的不平等大大超出了国际公认的相对合理区域。由此导致的收入差距过大不仅关系到社会公平问题，也关系到自然资源和社会资源的合理分配、有效使用问题。收入差距过大，造成两个极端的不可持续消费同时存在。一端是由于原始的生产和生活方式直接对生态环境的破坏，另一端是挥霍和浪费，过度消费造成的环境污染和生态破坏。这些都直接影响到可持续消费要求的适度消费和公平消费原则的实现。

（一）公平消费是提高财富有效性的重要前提

我们追求的发展目标是什么？马克思的理想是人的全面发展。阿马蒂亚·森（Amartya Sen，1998 年诺贝尔经济学奖得主）以关心国民福利的增长和倡导人文发展著称。阿马蒂亚·森等把发展定义为"扩大人的选择范围"，以及"发展的目标是为所有人提供过上充实生活的机会"。并批评"在过去两个世纪，那些关心发展问题的人"，由于"忘记了目标。几乎陷入了马克思所说的'商品拜物教'"。

如果通俗一些，发展是使人民都过上幸福的生活，要满足人民日益增长的物质、文化和精神的需求。毫无疑问，物质是基础，人们幸福生活的实现，离不开物质财富的创造。然而，应该看到物质财富仅是实现目标的手段。两千多年前亚里士多德就曾指出，"财富明显不是我们追求的东西，它只是实现一些其他东西的有用工具"。人们生活幸福的程度与财富有关但并不由财富的多少来决定，而在很大程度上取决于生活信念、生活方式和在一定生活环境中的对比感受。

随着人们基本需要逐步得到满足，人们生活得幸福不幸福，更多地依赖于财富分配的公平、公民个人心态的健康以及人际交往的和谐和深度。随着经济发展和人们文化水平的提高，会有越来越多的人不再把幸福等同于物质欲望和感性欲望的满足。

计划经济的低效率和"文化大革命"的动乱曾使中国人民长期遭受物质匮乏之苦。改革开放以来，中国经济快速增长，积累了大量的社会财富，中国经济总量已居世界第二位。经济增长带来了人民生活的普遍改善，人们消费水平大幅度提升（社会商品零售总额平均年增 9% 以上），但仍有大量百姓尚未脱贫①。由于贫富差距的加剧，分配不公，使

---

① 按照世界银行的标准，中国尚有 1.2 亿人生活在日均不到 1.25 美元的贫困线之下。

消费的公平程度大大降低，社会不和谐的问题反而比以前更为突出了，群体事件大幅度增加。财富的增长并没有增加人们的幸福感，那么，财富的增长便失去了其应有的意义。对于实现社会发展的目标来讲，创造这些财富所消耗的资源未能很好地发挥其应发挥的效应。从经济学边际效用递减理论也很容易理解这一点，同样多的财富，在穷人那里的边际效用要比在富人那里高得多。在穷人那里是满足基本需求，而在富人那里则是在满足奢侈性的需求。

中央提出构建和谐社会和建设社会主义核心价值体系，以及以人为本、全面、协调、可持续的发展观是对以财富为本的传统发展观的修正，表明中央已经意识到，我们不仅要注意提高资源转变成物质财富的效率，也应该注意提高物质财富转变成实现社会发展目标的效率。我们搞社会主义就是要通过合理的制度安排实现社会和谐与公平。制度安排和财富增长都仅是手段，人的全面发展、社会和谐与公平、正义才是我们的目的与追求。

以人为本的科学发展观所强调的是平等机会的创造和人的基本需要的满足，注重国民福利的改善和贫困减缓，注重为全社会成员提供更广泛和优质的教育、医疗服务和社会保障以促进人的自身发展。一般来讲，在同等的经济发展水平下，均富的社会要比两极分化的社会的人民享有更多的福利。在这样的目标或在这样一种发展模式下，消费同样的财富会给人们带来更多的福利，或者说，得到同样程度的福利只需要较少的物质财富，意味着耗费较少的资源，对资源节约、环境保护意义重大。可见，公平消费是提高物质财富转变成实现社会发展目标的效率，提高物质财富的有效性，实现可持续发展的必要前提。

（二）优先满足人民基本消费需求是实现公平消费的基本要求

如何解决日益激化的贫富两极分化问题是中国面临的突出问题。毋庸置疑，市场经济机制对资源配置的决定性作用以及利益分配格局的刚性使得中国目前这种收入差距过大的问题难以通过国民收入的初次分配来解决。到目前为止，除了依靠国民收入的再分配来加以缓解外，还没有什么其他更有效的办法。而由政府向公众提供公共物品（包括公共服务）则是其主要途径。

应该看到，中国已由原来的"短缺经济"变为今日的"过剩经济"，中国的经济实力与改革开放之前比，已不可同日而语。然而，包括住房、医疗、教育、养老设施等在内具有公共物品性质的商品（包括服务性产品）仍面临着严重的供给不足。优先满足人们的这些基本需求，政府无疑负有不可推卸的责任。

造成大量人口基本需求不能满足的局面自然与我国目前仍处于社会主义初级发展阶段有关，但也不能否认与改革开放以来中国在社会保障体制改革中走过了一段弯路有关。出于对市场机制的盲目崇拜以及财政甩包袱的指导思想，中国的改革曾一度把教育、住房、医疗等社会保障一股脑推向市场。导致中国的公共教育支出占 GDP 的比重在亚洲排在最后，在世界上也排在最后几名。让中国特色社会主义蒙羞。近年来，虽然对此问题的认识有所提高，但问题远未解决。

下面以中国住房保障公共服务为例来说明政府在提高满足人民基本需求的责任感和紧迫感上亟待加强。自 1998 年房改以来，特别是 2005 年以来商品房价格快速攀升，房价提高的速度大大快于大多数百姓收入水平的提高。以目前的收入水平，我国城镇，特别是一线大城市的大多数百姓买不起商品房①。

造成房价上涨的因素很多、很复杂，可以列出很多，如改革举措的缺陷、地方政府对土地财政的依赖、土地供给紧张、超前需求（贷款买房）、被动需求（城市改造大拆大建）、投资和投机需求旺盛、城市化快速发展、生产成本不断提高、政府未能很好的尽到提供住房保障公共服务的责任等等，但无论如何离不开供不应求这个基本原因。中国政府采取了一系列抑制房价的措施，然而效果并不明显。其根本原因在于这些举措不能解决导致房价走高的住房供求失衡问题。中国住房市场同时存在着总量失衡与结构失衡。总量失衡表现为城镇住房总量严重供不应求。结构失衡表现为一方面由市场供应的中高档住房供给相对充裕，另一方面中低档，特别是由政府提供的保障性住房公共服务供给严重不足。

按照城建部提出的 2020 年中国全面实现小康的城镇居民住房目标，届时城镇居民人均住房建筑面积应达到 35 平方米。据我们测算②，中国

---

① 目前，中国多数家庭居住的是房改前分配到的福利住房。其中部分家庭即使后来为改善居住条件购买了新的商品房，一般也是通过卖旧房，买新房的办法，仅靠工资收入是无法做到的。

② 我们的测算是基于国家统计局 1985—2012 年新建城镇住房面积的时间序列数据。详见《为什么要强化政府增加住房供给的责任？》，《经济管理》2014 年第 4 期。

城镇住房存量 2012 年为 128.11 亿平方米，城镇人均住房建筑面积仅有 18.0 平方米，而非国家统计局所发布的 32.9 平方米。我们的计算是基于系统的统计数据进行的，因而是可靠的。国家统计局是城调队入户调查数据，反映的只是有房居民的居住情况。使用此数据，会高估我国城镇住房供给，误导政府决策。

据粗略估计，要在不到十年的时间由 18 平方米提高到 35 平方米的城镇住房小康目标，每年城镇新建住房需在 20 亿平方米以上，而 2012 年城镇新建住房只有 10.10 亿平方米。可见，中国城镇住房的供需缺口十分巨大。由于地区发展是不平衡的，而且由于住房在空间上的固定性和差异性，无法跨越空间进行平衡，因而在一线城市住房紧张的情况是可想而知的。

特别要指出的是，我国城镇现有的住房存量中大多质量低劣，与现代居住条件相比有较大差距。按照第六次全国人口普查的结果，我国城镇住房中大约还有一半以上是 1998 年房改之前建造的，约 1/4 是 1990 年之前建造的。大量原有的公有住房建造标准低，有 10% 没有自带厨房，13% 缺乏自来水供应，28% 无洗澡设施，17% 没有卫生间，按小康标准急需替换或改造（陈杰，2013）。考虑到这一因素，城镇住房供需缺口无疑将进一步加大。

应该看到，目前中国城镇住房供给的巨大缺口主要表现在保障性住房和中低档住房严重供给不足。1998 年房改以来，由于保障性住房建设指导思想的偏差，一个时期内，保障性住房建设的速度非常缓慢。可以看到，房地产企业经济适用房投资完成额占住房投资完成额的比重由 1999 年的 16.6% 逐年下降，到 2008 年只有 4.3%[①]。保障房供给严重不足以及房价上涨的预期，把大量本来应该享受保障房的而没有能力买房的年轻人挤入购房的队伍中，使他们通过贷款或亲属集资的方式走上了超前消费之路，加剧了商品房价格的上涨。

按照"十二五"规划，中国将建造 3600 万套保障性住房，使保障性住房的覆盖面达到 20%。这意味着，2010 年中国保障性住房的覆盖面仅约为 5.3%，到 2015 年结束时保障房的存量达 4900 万套。我们看到，"十二五"期间五年建设的保障房规模将大大超过在此之前十多年

---

① 由 2011 年中国统计年鉴表 5-32 数据推算。2008 年之前中国保障房的品种主要是廉租房和经济适用房，其建设速度变动趋势基本可反映出保障房的增长趋势。

所建的保障房的总和。然而，即使 2015 年保障性住房的覆盖面达到 20%，但这仍远远不能满足我国居民对保障房的实际需求。

考虑到中国城镇常住人口中约有 1/3 为农民工①，农民工中只有极少一部分②在城镇有住房，再加上一部分非农业户口的无房人群，保障房的覆盖范围至少应在 40% 以上。这意味着，至少需要 9800 万套住房。也就是说，完成"十二五"的规划指标后，还有至少 4900 万套的缺口。这要求 2016—2020 年每年至少平均建造 980 万套保障房，才有望实现我国对买不起商品房的人群实行保障性住房全覆盖的小康目标。如果按每套保障房平均 50 平米，每年建 1000 万套保障房计算，每年要建约 5 亿平米的保障房。任务将是非常繁重的。但也并非不可能实现，关键取决于政府对保障性住房建设的重视程度。

令人不解的是，按照我国 2014 年国民经济与社会发展计划的安排，2014 年城镇保障性住房将基本建成 480 万套，与 2013 年基本建成的 540 万套和 2012 年基本建成的 601 万套相比，可以看到呈逐年下降的趋势，2014 年城镇保障性住房建设的建成数比 2012 年下降了 20.1%。面对保障性住房巨大的缺口，面对这么多迫切的需求，为什么要大幅度放慢城镇保障性住房的建设速度，难以理解。

我国资金以及劳动力资源正处于最丰富的时期。我国储蓄率超过 50%，毫无疑问应尽量转化为投资，而不是加以闲置。另外，尽管劳动年龄人口的数量在 2011 年达到 9.4 亿左右的顶点，自 2012 年起出现了绝对下降，但是总量依然很大，不足以改变目前中国劳动年龄人口数量仍处于高峰期。再有，2012 年 GDP 增长由 2011 年的 9.3% 骤减至 7.8%。由此带来的产能过剩问题在水泥、钢铁、建材等行业尤为突出，这些都是建造住房的基本原材料。按照现代经济理论，产能过剩或设备闲置属于需求不足的问题。把加快保障性住房建设作为扩大内需的重要内容，正好可以把这些闲置产能利用起来，既有利于资源的充分利用，也有利于降低成本。特别应该清醒地看到，这些优势条件能够持续的时

---

① 2011 年中国城镇人口占全国人口的 51.3%，而非农业户籍人口占全国人口的比例只有 34.7%。这两个指标之间存在的 16.6 个百分点的差别，相当于 1.59 亿人，这可认为是农民工的数字，推算出城镇人口中农民工占 32.4%。

② 有多少农民工在城里买了房，以及有多少农民工在城里享受到了保障性住房没有统计资料。有一些报道，目前无疑仍属个别现象，充其量不会超过 5%。

日已经不多①。应该努力将丰富的资金、劳动力与闲置的产能结合起来，形成生产力，释放出来，去满足包括住房特别是在保障性住房上的需求。为什么不抓住这样一个难得的机会，的确不太好解释。

中国的社会主义性质以及土地公有制的国情使得中国政府对住房供给负有比世界上大多数国家都要大的责任。城镇居民的住房从根本上无非是两个来源，一个是来自商品住房市场，另一个是来自政府提供的保障性住房公共服务。两个来源的供给状况很大程度上都受制于政府对土地的调控。首先，中国土地的公有制，特别是城市土地的国有性质决定了建设用地的供给由政府负责，土地的供给状况直接影响房地产业的发展和商品住房的价格水平；再有，住房的民生和公共物品性质要求政府向买不起商品房的中低收入家庭提供保障性住房。政府提供保障性住房的意义不仅在于实现"住有所居"，以缩小贫富差距、维护基本人权、社会稳定，而且还可以通过调整保障性住房的供给，稳定房地产价格，促进房地产业及国民经济的健康发展。因此，进一步强化政府在增加住房供给上的责任是解决住房问题的必要前提。

在住房供给严重不足的情况下，对于关系民生的住房用地（尤其是保障性住房用地）的供应应在处理协调好国民经济各行业的用地的基础上有一个较大幅度的增加。这对于解决房价过高和保障房不足问题非常关键。

作为基本需求，住房可谓民生之首。畸高的房价使普通百姓无力购买商品房。面对大量存在的群租现象和蚁族群体、大量常驻城里棚户里的农民工，加快保障性住房的建设显得极为迫切。特别是，为了使农民工能够在城里待得住、留得下，解决农民工的住房问题是城镇化过程中政府无法推卸的责任。同时这也是解决留守儿童、妇女、老人问题的基本条件②。应该看到，我国是社会主义国家，在给人民群众提供基本保障方面理应有更好的表现。

目前，我国 GDP 名义值约为美国的 1/2③。按照现在的增长势头，中国 GDP 在 2020 年超过美国似乎没有悬念。2020 年我们要实现全面建

---

① 看看越来越多的"月光族"，中国的储蓄率终有下降的那一天。

② 李克强总理在 2014 年的政府工作报告中强调要关注留守儿童、妇女、老人的问题。

③ 按照国际货币基金组织（IMF）的数据，2012 年美国 GDP 为 156847 亿美元，中国为 82270 亿美元，美国是中国的 1.91 倍，见世界 GDP 网站 http：//www.sjgdp.cn/show.php? id = 503。

成小康社会的目标。如果届时作为世界经济总量第一、全面实现了小康的社会主义大国，中国仍不能解决百姓基本的住房保障问题，是绝对说不过去的。到 2020 年的时日已经不多，保障性住房的建设必须抓紧。强化政府增加住房供给的责任感和紧迫感不应只是在口头上，必须落到实处。

相对世界上其他绝大多数国家中国政府在为中低收入家庭提供保障房上有着的巨大优势。土地公有制一方面直接带来保障房用地的低成本，另一方面使各地政府除财政收入外，还可以从商品房开发中获得大笔的土地出让收入作为建造保障性住房之用。然而，遗憾的是，目前我国财政在建设保障房上的投入力度仍然较低。近几年在加大保障性住房建设力度的形势下，住房保障上的投入仍不很理想。如，2011 年全国公共财政支出中住房保障支出为 3820.69 亿元，占比 3.5%，土地出让收入中保障性住房的支出占 2%（财政部，2012），约合 670 亿元。显然，政府在保障性住房上的支出仍有提高的潜力。我们看到，尽管中央政府早已规定，土地出让净收入的 10% 要用于保障房的建设，尽管这个比例不能算太高，但这一规定在地方上并未得到严格执行。

为了改变政府在住房保障上的投入力度较低的状况，首先，必须改变各地政府对"土地财政"的依赖。土地出让收入相当于一下子收了 70 年的地租。这笔钱本来应该作为基金，不能用于政府的日常开支或轻易使用，而只能用于那些关乎社会经济长期发展的重大支出。而且，每次动用都应慎之又慎，要经过人民代表大会批准。现在，这些钱轻易就被花掉了，而关系民生的重大问题却总是没钱。对于各地拒不执行中央提出的 10% 的土地出让金用于保障性住房建设的要求，中央未采取有效措施加以落实。这也反映出中央从思想深处对保障性住房建设缺乏应有的重视。

结束语——期待一个更加尽职尽责的政府

政府、企事业单位、个人均是消费主体。可持续的实现离不开三者的共同努力。毫无疑问，政府在实施可持续发展战略中处于至关重要的主导地位。政府在促进可持续消费中承担着方向的引领者，政策体系的构建者，经济、法律以及宣传等手段运用者的责任。通过引领和各种手段的运用，使消费者加强消费的道德意识和责任意识，强化自我约束，适度消费、绿色消费、文明消费，使企业依靠科学技术的进步与创新，构建促进可持续消费的生产体系等等。可持续消费的实现是一个复杂的系统工程，涉及社会、经济、政治、文化的方方面面。政府治理的各个环节几乎都直接或间接地与可持续消费有关。本文仅是围绕可持续消费的政府责任，从其中若干侧面出发，提出一些不很成熟的想法，试图从实际出发，在流行的泛泛而谈的基础上做更深入的分析，并期待引发更多的有深度的讨论。

中国作为世界上人口最多、最大的发展中国家在发展过程中面临着生态环境的巨大压力。中国的可持续发展之路还有很长的路要走。尽管中国在能源节约、生态环境保护方面取得了不小进展，但总体来看，可持续发展的实践仍很难说有多少实质性的进展。可以看到，导致人类发展不可持续的体制机制以及由此形成的生产方式、消费方式并没有发生根本性或突破性的改变。

看看现今世界如此不太平便可以看出，对于可持续发展的目标来讲，我们所做的努力多数还是属于改良性质的，可以对推迟危机的到来发挥一定作用。本文提到的诸如我国实现可持续消费的目标与战略的科学性有待进一步提高的问题、我国引导可持续消费模式的政策体系亟待完善的问题，以及进一步强化政府在满足人民基本消费需求方面的责任等问题，基本上也都是属于这种性质，同时又都是较为现实，经过努力是可以办得到的。

中国可持续消费模式的建立以及可持续发展的实现，离不开一个以社会主义核心价值体系武装的、认真落实科学发展观、尽职尽责的资源节约型、环境友好型政府。在中国，政府有着极大的支配资源的权力。政府大概是能够支配别人的钱而又较少受制约的最大机构，浪费的动机较强。显然，这决定了，没有可持续消费的政府，就不可能有可持续消费的社会。实践表明，在没有有效的监督机制，没有广泛民众的参与，没有对资本和利益集团实现有效节制的情况下，这样的政府难以存在。毫无疑问，没有一场深刻的变革，在中国要想实现真正意义上的可持续发展，是不可能的。

参考文献

［1］国家计委等：《中国 21 世纪议程——中国 21 世纪人口、环境与发展白皮书》，

中国环境科学出版社 1994 年版。

［2］张新宁、包景岭、王敏达：《构建可持续消费政策框架研究》，《生态经济》
（学术版）2012 年 01 期。

［3］郑玉歆：《为什么政府要强化增加住房供给的责任》，《经济管理》2014 年第
4 期。

［4］郑玉歆：《节能减排须减少盲目性》，《学习与实践》2011 年第 9 期，《新华文
摘》2011 年第 24 期。

［5］李林：《政府的权力与职责》，中国文联出版社 2010 年 11 月版。

资源环境约束下的中国城市
交通消费模式与政策选择

张　晓

对于未来中国经济的走向，有国外学者预言，中国将转向一个更具消费者主导特色的经济模式[①]。体现这一转向的标志性文件是十八届三中全会的《中共中央关于全面深化改革若干重大问题的决定》（2013年）及《"十二五"规划》（2011年）的组合。其中，城镇化旨在创造更多工作机会，提高人均收入，缩小贫富差距；"单独二孩"政策意在改变人口结构，不断地提高生活群体中积极消费者比例；金融改革试图终结对银行利率的严格管制，从而刺激灵活的信贷以利于消费等等。总之，深化改革的一个重要任务是促进中国由"生产者模式"向"消费者社会模式"转型，根本目的是转变经济结构、降低产能过剩，提高效率，改善生态环境质量。

主流经济学者曾经就投资与消费哪一个驱动了经济增长，展开了一场不大不小的争论（林毅夫，2013；洪平凡，2012a；洪平凡，2012b；刘胜军，2013）。对此，我们认为，与经济增长同等重要或者更为重要的问题是：经济增长的终极目的是什么？何种消费模式才是可持续的？提出这些问题，并不是故弄玄虚，现实是，我们已经为高速的经济增长付出了不可忽视的代价，例如效益低下、环境污染便是其中最显著的。这使得人民群众享受到的经济增长成果大打折扣，福利水平和生活质量没能与 GDP 增长率同步提升（李扬，2014）。这些问题的出现已经不仅仅是经济增长的代价，而且严重背离了经济增长的终极目的（提高全体人民的福利水平和生活质量）。此外，虽然经济总量还在增长，人类社

[①]　斯蒂芬·罗奇：《中国可能走上"再平衡"之路》，孙西辉译，《社会科学报》2014 年第 3 期。

会的不当消费已经造成了许多问题，特别是消费量的盲目增加及奢侈型消费是生态退化、环境污染的重要根源，这在发达国家尤其表现突出（Safarzynska，2013）。

一 可持续消费与交通

有学者指出，可持续发展不能仅仅限于改善或提高资源，利用效率，还需要转变经济结构，以减少污染排放；另外，需要在行为、技术、价值观和世界观等诸方面广泛地进行根本性转变（Sorrell and Dimitropoulos，2007；Beddoe 等，2008）。中国目前的任务，除了向"消费者社会"转型外，还需要全面理解可持续消费的含义，理性消费、适度消费，从而促进生态环境质量的全面改善。

交通不仅是经济生活的重要构成，而且是人人都要涉及的消费形式。因此，可持续发展应该包括交通运输的可持续性，可持续消费行为也必须包括交通方面的内容；同时，可持续的交通是整个社会可持续发展的重要组成部分。一方面，从供给侧看，世界银行（1996）提出，要实现可持续交通，必须从环境、经济、社会三方面考虑，即：（1）保护资源环境，提高土地利用率，对造成空气污染及交通拥堵的交通工具实行收费等。（2）经济财务方面确保交通运营和维护管理的效率，保证合理成本和持续服务。（3）考虑社会各个阶层的公平性服务。另一方面，从需求侧（消费侧）看，定义可持续交通，不仅涉及消费者选择交通工具、交通方式是否是环境友好、资源节约、费用负担合理可承受，而且还取决于消费者对可持续性交通的理解、消费行为以及价值观的可持续化转变。

（一）可持续消费概念的现实性和重要性

1988 年，在《绿色消费者指南》中第一次定义"绿色消费"为，消费者个人致力于推动减少环境损害的消费，而且这种消费还可以满足消费者的需要（Elkington 等，1988）。"绿色消费"概念的提出，使人们开始全面对待可持续发展问题，由单纯关注供给侧（生产者），转向给予供给与需求两侧同等程度的关注。1994 年，奥斯陆可持续消费研讨会上，第一次提出可持续消费的定义：满足人类的基本需求和较好生活质量的服务及相关产品的消费；与此同时，最少地使用自然资源和有毒材料、使贯穿于整个服务或产品生命周期所产生的废弃物及污染物排放最小、不危及后代需求的消费模式（Norwegian Ministry of the Environment, 1994）。以后的几十年里，可持续消费的概念被不断完善，研究文献也越来越多。我们仿照可持续发展的定义，总结可持续消费的几个要点：（1）生活质量；（2）理智地使用资源，最少的废弃物及污染物排放；（3）在其可再生的能力范围内使用可再生资源；（4）完整的产品生命周期；（5）代际及代内公平。

可持续消费概念的提出，进一步拓展和完善了可持续发展的观念，是人类社会正确地认识自身存在的局限性、理智地谋求克服局限性途径的进步。

可持续消费以及绿色消费者的概念有力地表达了消费者的主导作用，如果消费者需要更有社会和环境责任感的产品，制造商就必须回应这些需要，否则可能会承受失去市场的风险。因此，消费者的购买取向，能够从根本上改变市场，即：消费者有力量促进市场转变和技术创新（斯珀林等，2011，第136页）。

（二）我国汽车使用的增长态势及城市交通模式的变化

伴随着改革开放，我国汽车工业经历了规模、总量迅猛增长的历程。基于业内人士对汽车工业发展的基本判断，既：其可以带动钢铁、机械等多个产业发展，因此，我国汽车市场增长的经济动力将长期存在[①]。

汽车进入家庭始于20世纪90年代，1994年国家颁布了《汽车工业产业政策》，具体内容包括，（1）汽车产业发展目标："国家引导汽车工业企业充分运用国内外资金，努力扩展和开拓国内国际市场，采取大批量多品种生产方式发展。2000年汽车总产量要满足国内市场90%以上的需要，轿车产量要达到总产量一半以上，并基本满足进入家庭的需要"；（2）汽车消费政策："逐步改变以行政机关、团体、事业单位及国有企业为主的公款购买、使用小汽车的消费结构"，"国家鼓励个人购买汽车"，"任何地方和部门不得用行政和经济手段干预个人购买和使用正当来源的汽车"。《汽车工业产业政策》的实施无疑对我国汽车消费产生了巨大影响，汽车迅速进入家庭并加速我国城市汽车化进程，城市家用轿车的年平均增长率长期保持在15%—20%以上（住建部城市交通工程

[①]　《中国究竟可以承受多少车》，《光明日报》2011年1月11日。

技术中心等，2009，第3页）。

特别是2008年国际金融危机后，中国接连出重拳拉动内需刺激汽车消费。在减征购置税、以旧换新、汽车下乡、节能汽车优惠补贴等刺激政策的激励下，国内汽车消费的热情空前高涨，加之楼市价格使普通人买房无望，股市长期低迷，于是人们纷纷加入购置私人轿车的行列，至2010年，中国汽车产销双双超过1800万辆，居世界第一汽车生产国和最大新车销售市场（参见表1）。据公安部交管局有关负责人介绍，截至2013年底，我国机动车保有量已达2.5亿辆，每百户家庭拥有汽车21.5辆，按照国际通行的每百户家庭20辆车的"汽车社会"标准，我国已经快步进入汽车社会①。统计数据显示，1997年至2012年，我国民用汽车拥有量增长了8倍，年平均增长率为15.7%，其中北京增长了5倍多，上海增长了4.5倍多；同期，我国私人汽车（非单位汽车）占民用汽车总量比重翻了一番还多（见表1），到2012年我国私人拥有汽车已达8838.6万辆，其中载客汽车达7637.9万辆，小微型客车占私人客车总量的99%②。

伴随着汽车生产量的增长，我国交通模式经历了以自行车为交通工具、城市交通主要矛盾是自行车拥堵（20世纪80年代），到大规模的汽车快速进入家庭、城市交通（特别是大城市）拥堵以汽车为主体的演变过程。以北京为例，据北京市交通运行分析报告，2013年北京道路运行情况劣于2012年，工作日平均每天堵车1小时55分钟，比2012年平均每天多堵25分钟。国外有研究核算过交通拥堵的经济损失，可以作为参照。2010年，根据美国439个城市的上下班通勤者的统计，共造成48亿汽车小时的延迟，结果是产生19亿加仑（约86.4亿升）燃料的浪费，美国因拥堵造成的生产率和燃料的损失合计为1010亿美元；在英国，交通的时间损失为GDP的1.2%；在秘鲁首都利马平均每天因交通拥堵损失4小时，其相应的经济损失约为62亿美元，约占年度GDP的10%（Replogle and Hughes，2012）。

在2013年北京市居民各种交通方式出行构成中（不含步行），小汽车出行比例列第一位，为32.7%，较2012年底提高了0.1个百分点；地面公交比例为25.4%，较2012年底降低了1.8个百分点；轨道交通比例为20.6%，较2012年底增长了3.8个百分点；自行车出行比例

---

① 公安部交通管理局，http：//www.mps.gov.cn/n16/n1252/n1837/n2557/3940740.html。

② 《中国统计年鉴－2013》，http：//www.stats.gov.cn/tjsj/ndsj。

12.1%，较 2012 年底下降了 1.8 个百分点；出租车出行比例 6.5%，较 2012 年底下降了 0.2 个百分点[①]。

城市汽车化刺激了城市的扩张及交通基础设施投资呈现压倒一切式的增长，但仍然无法延缓汽车交通拥堵的恶性膨胀。即使加上"限购"、"限号"等行政干预措施，也未能使城市交通的拥堵病得以好转。

城市汽车化不仅带来了交通拥堵问题，更为重要的是，由于我国人口众多、石油资源稀缺、环境容量有限等禀赋约束，还带来一系列涉及未来长期发展的资源环境影响。

表1 　　　　　　中国汽车拥有量增长趋势

年份	民用汽车拥有量[a]（万辆）			私人汽车（万辆）	私人汽车占民用汽车份额（%）	私人载客车辆占私人汽车份额（%）
	全国	北京	上海			
1997	1219.1	78.4	38.3	358.4	29.4	53.4
1998	1319.3	89.9	38.7	423.7	32.1	54.4
1999	1452.9	95.1	42.6	533.9	36.7	57.0
2000	1608.9	104.1	49.2	625.3	38.9	58.4
2001	1802.0	114.5	55.0	770.8	42.8	61.0
2002	2053.2	—[b]	—	969.0	47.2	64.4
2003	2382.9	163.1	71.9	1219.2	51.2	69.4
2004	2693.7	182.4	83.5	1481.7	55.0	72.2
2005	3159.7	209.7	95.2	1848.1	58.5	74.9
2006	3697.4	239.1	107.0	2333.3	63.1	78.2
2007	4358.4	273.4	119.7	2876.2	66.0	80.6
2008	5099.6	313.7	132.1	3501.4	68.7	82.3
2009	6280.6	368.1	147.1	4574.9	72.8	83.3
2010	7801.8	449.7	175.5	5938.7	76.1	84.0
2011	9356.3	470.5	194.8	7326.8	78.3	85.1
2012	10933.1	493.6	212.7	8838.6	80.8	86.4

表注：[a] 民用汽车拥有量指报告期末，在公安交通管理部门按照《机动车注册登记工作规范》，已注册登记领有民用车辆牌照的全部汽车数量。汽车拥有量统计的主要分类：根据汽车结构分为载客汽车、载货汽车及其他汽车；根据汽车所有者不同分为个人（私人）汽车、单位汽车；根据汽车的使用性质分为营运汽车、非营运汽车（据《中国统计年鉴—2013》）。

[b] 缺少数据。

资料来源：《中国统计年鉴—2013》《中国统计年鉴—1998》《中国统计年鉴—2012》，www.stats.gov.cn/tjsj/ndsj。

---

① 《北京去年工作日日均堵车近 2 小时》，《人民日报》2014 年 02 月 13 日。

二 现行交通模式的资源环境代价

(一) 汽车保有量与石油消费

一个世纪以来，机动车基本上没有发生很大变化：老式的发动机仍然以石油作燃料，汽油发动机仍然要消耗掉能量的 2/3，汽车消耗（燃烧）1 加仑（4.546 升）汽油，直接排放 20 磅（约为 7.5 公斤）二氧化碳。柴油发动机的汽车情况略好（斯珀林等，2011，第 12 页）。

我国现没有发布关于汽车燃油的消耗统计，仅有全国石油消费总量的统计数据（见表 2），以及服务业中的交通运输、仓储与邮电通信行业的能源消费情况（不包括企业、农业自用和私人等非营运汽车，见表 3）。由行业统计数据可知，交通运输、仓储及邮电通信业汽油消费量占全国总量的份额从 1997 年的 36%，上升至 2011 年的近 50%；柴油消费量占全国总量的份额从 1997 年的 26%，上升至 2011 年的超过 60%（如表 3）。份额趋势示意（图 1）显示该行业的主要能源消费——汽油和柴油在全国总量中占据着非常重要的位置。

另据 2008 年发布的第二次全国经济普查数据①，在交通运输、仓储及邮电通信业汽油消费量中，更进一步细分，道路运输业与城市公共交通业分别占汽油消费的 42.5% 和 40.8%，它们分别占柴油消费量的 63.2% 和 9.1%。这些仅仅是营业性运输和营运汽车的能源消耗数据，没有包括企业、农业自用和私人等非营运汽车。

另据一项研究，我国汽车燃油（包括汽油及柴油）消耗占全国石油消耗总量的比重，从 1997 年的 27.5%，增长到 2002 年的 33%（亚洲开发银行，2009，第 14 页），即在 20 世纪初，汽车石油消耗比例约为 1/3。假定彼时至今都始终保持这一比例不变（显然这是一个偏低的保守估计），那么 2011 年我国汽车石油消费量为 1.5 亿吨；若按照汽车燃油消费占全国总量的 1/2 计算，则 2011 年我国汽车石油消费量为 2.3 亿吨，约为净进口量的 82.5%，即进口石油的绝大部分都被汽车所消耗（参见表 2）。

Zhou 等人（2005）曾预计，在运输部门的总能耗中，小客车能耗

---

① 国家统计局网站，www. stats. gov. cn。

所占比重将持续增加，并逐步占据支配地位。未来私人汽车行驶交通量（即私人汽车使用量）的增长，将是中国燃油消耗增长的主要原因。

我们按低（保守估计）、高（较保守值偏高的估计）两个方案粗略的估计了全国私人汽车石油消费的增长（如表4），结果表明，2012年至2013年，我国私人汽车石油消费在1亿吨到1.5亿吨之间，这是一个十分巨大的数字范围，它意味着，进口石油有约一半被私人汽车消费了。

在汽油发动机占绝对多数的情况下，在国内石油产量没有明显增长的情况下，汽车保有量特别是使用量的增加，必然推动石油进口量的增加。中国石油集团经济技术研究院发布的《2013年国内外油气行业发展报告》[①] 显示，2013年我国石油（成品油）和原油的消费量分别达到4.98亿吨和4.87亿吨，同比分别增长1.7%和2.8%；石油对外依存度达到58.1%。从1993年首度成为石油净进口国以来，我国石油对外依存度由当年的6%一路攀升，2009年突破50%的关键节点（参见表2）。而根据《能源发展"十二五"规划》目标，至2015年我国石油对外依存度需要控制在61%以内，目前的数字正在逼近这一红线。中石油的报告还预计，我国将在2014年首次超越美国，成为世界上最大的石油净进口国。

表2　　　　　　　　　　我国石油消费量及进口量

年份	消费量（万吨）	净进口量（万吨）	净进口/消费量（%）
1990	11485.6	-2354.8	—
1995	16064.9	1218.7	7.6
2000	22495.9	7576.4	33.7
2002	24779.8	8130.1	32.8
2005	32537.7	14275.1	43.9
2010	43245.2	25358.2	58.6
2011	45378.5	27476.6	60.5

资料来源：《中国统计年鉴—2004》《中国统计年鉴—2013》，www.stats.gov.cn/tjsj/ndsj。

---

① 据《京华时报》，2014年02月22日，记者祝剑禾，http://finance.sina.com.cn/chanjing/cyxw/20140222/014218296931.shtml。

表 3 交通运输、仓储及邮电通信业能源消费

年份	汽油消费量 （万吨）	占全国总量 %	柴油消费量 （万吨）	占全国总量 %
1997	1183.16	35.7	1379.53	26.1
2000	1387.79	39.6	2543.81	37.6
2005	2470.05	50.9	5019.41	45.7
2008	3090.43	50.3	7649.31	56.5
2010	3204.93	46.5	8518.56	58.2
2011	3373.52	45.6	9485.20	60.7

资料来源：《中国统计年鉴—1999》《中国统计年鉴—2012》：www.stats.gov.cn/tjsj/ndsj。

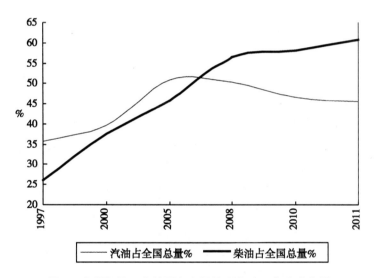

图 1 交通运输、仓储及邮电通信业汽油、柴油消费量
占全国总量的份额

表 4 全国汽车（民用）燃油消耗量估计

年份	全国汽车数量（万辆）	石油消耗量（亿吨）		私人汽车（万辆）	石油消耗量（亿吨）	
2002	2053.2[a]	0.83[b]		968.98[a]	0.39[c]	
2012	10933.1[a]	低（1/3）[d]	1.5	8838.6[a]	低（1/3）[d]	0.98
		高（1/2）[e]	2.3		高（1/2）[e]	1.5

资料来源：[a] 表 1；[b] 根据亚洲开发银行，2009，第 14 页设计，依表 2 数据计算；[c] 按私人汽车占总量比例粗略推算；[d] 设计依据同注释[b]，石油消费量为 2011 年数据；[e] 本研究设计并依表 2 数据计算，石油消费量为 2011 年数据。

（二）汽车造成的大气污染及公共健康危害

目前，我国机动车（汽车＋摩托车）污染问题日益严重。汽车尾气排放已经成为我国空气污染的主要来源，是造成灰霾、光化学烟雾污染的重要原因[①]。数据显示，最近十年，我国机动车构成比例发生了根本改变，汽车取代摩托车成为机动车的构成主体[②]。虽然我国的人均汽车保有数量还低于发达国家，但是与发达国家相比，目前中国的汽车年平均行驶里程（行驶交通量 VMT，即汽车的使用量）（参见表5）较高，特别是私人小客车的使用量更高。而汽车的行驶交通量与污染物排放紧密相关：较高的汽车行驶交通量，意味着更高的燃油消费，还意味着更多的污染物排放。

大气污染对人类社会的最大危害是对人体健康的负面影响。在发展中国家，大气污染危害的80%来自汽车，包括细颗粒物（PM2.5）、一氧化碳、碳氢化合物、氮氧化物、铅等污染物，可以导致心血管病、呼吸系统疾病以及癌症等。发展中国家由于存在燃油质量低、汽车动力系统效率低等问题，因此会产生更高的废气排放（Replogle and Hughes，2012）。最新研究表明，以 PM2.5 形式存在的室外空气污染可导致比以往研究更为严重的健康风险，每年在全世界导致320万人过早死亡。关于全球所有主要健康风险的系统分析结果显示，2010年中国的室外空气污染在很大程度上导致了123.4万人的过早死亡，其中：由室外空气颗粒物污染导致的脑血管疾病死亡人数为60.5万人，慢性阻塞性肺疾病为19.6万人，缺血性心脏病为28.3万人，下呼吸道感染超过1万人，气管、支气管和肺癌13.9万人，占2010年全部死亡数字的近15%。这意味着在过去20年里，由于中国空气污染恶化以及老龄化人口的中风及心脏病发病率增加，环境空气污染所致的疾病负担增加了33%。《2010年全球疾病负担评估》（2010 Global Burden of Disease，GBD2010）第一次将室外空气污染列入全球前10名风险之一，该风险在亚洲发展国家中排名为前五或前六，在中国的死亡率和整体健康负担中均排名第四位，仅次于饮食风险、高血压、吸烟等三项风险因素（Lozano et al.，

[①] 中华人民共和国环境保护部：《中国机动车污染防治年报 – 2013》，www. mep. gov. cn，机动车环保网：www. vecc – mep. gov. cn。

[②] 2013 年 12 月 02 日《中华工商时报》，中国汽车工业协会，http：//www. caam. org. cn/hangye/20131202/1405107840. html。

2012；Yang et al. 2013）。

据经济合作与发展组织（OECD）近期发布的公告，在全世界各地，每年有 350 万人死于道路交通造成的空气污染，并且这一死亡曲线仍然保持不断上升的态势。该组织还估计：在 2005—2010 年间，全球由于机动车污染造成的死亡率上升了 4%。这一比例的增长速度在中国更高的，为 5%，印度的增长率高达 12%[①]。

具体考察汽车尾气的污染问题包括以下几个方面。

1. 二氧化碳（CO_2）排放

根据 IPCC（政府间气候变化专门委员会）第三工作组 2007 年的报告，交通运输部门的能源消费所产生的 CO_2 排放量，约占世界各国能源消费产生的 CO_2 排放总量的 23%，道路运输部门约占交通运输 CO_2 排放量的 74%。从长期发展趋势判断，世界各国道路交通在交通运输业中所占比重将日益增大（亚洲开发银行，2009，第 6 页）。

在 OECD（经济合作组织）国家，交通运输部门 CO_2 排放量约占全社会总量的 20%—30%；中国目前这一数字还较低，2001 年时仅为 7%（亚洲开发银行，2009，第 6 页），离发达国家尚有距离。因此，汽车的 CO_2 排放尚未成为目前我国大气污染的主要问题。

2. 汽车特定的污染物排放

根据国家环境保护部《中国机动车污染防治年报》（2010—2013 年）公布的数据，我国汽车主要污染物排放总量如表 6，其趋势图见图 2。

值得注意的是，汽车除了直接排放颗粒物（PM2.5），包括有机物（OM）和元素碳（EC）外；其排放的氮氧化物（NO_X）等污染物还是 PM 2.5 中二次有机物和硝酸盐的"原材料"。

3. 汽车尾气排放对典型城市大气质量的影响

据来源于世界卫生组织（WHO）的流行病学资料：在法国，由于交通造成的空气污染导致的死亡人数在 1.85 万人次，大概花费 400 亿欧元[②]。

在北京，据北京市环境保护局公布，北京市 PM2.5 来源解析最新研究成果表明，北京市全年 PM2.5 来源中，区域传输贡献约占 28%—

---

① 据 2014 年 06 月 02 日凤凰网，http：//news.ifeng.com/a/20140602/40557383_ 0.shtml。
② 同上。

36%，本地污染排放贡献占 64%—72%。考察北京自身的污染物排放，机动车排放（31.1%）的比重占据第一位[1]；而奥运会前的 2007 年，在北京地区 PM2.5 的 5 类污染源中，交通运输列第三位，其余分别为土壤尘、煤燃烧、海洋气溶胶，以及钢铁工业（徐敬等，2007），可见机动车污染物排放所占比重上升的速度之快。

北京在地理上被河北省包围着，所以，很难"独善其身"。由表 7 的排名可知，河北省在机动车氮氧化物（NO_x）和颗粒物（PM）排放上列全国第一；一氧化碳（CO）和碳氢化合物（HC）排放上列第二。以河北这样的"围城"排放效果，北京的大气质量可想而知。

北京早已成为闻名的"首堵"，由于行车路况方面的原因，可以造成更大的汽车污染物排放。车辆在息速状态下，汽油燃烧不完全，排放量比平时增加 6 倍以上，[2] 小客车车速影响的分析研究表明，慢车速时（10km/h 以内）一氧化碳（CO）和碳氢化合物（HC）的排放最高（樊守彬，2011）。

表 5　　　私人小客车年行驶交通量（VMT）的国际比较

中国	日本	美国	英国	法国	德国
2.4（2000 年）	0.8（1999 年）	1.9（2002 年）	1.7（1999 年）	1.5（1999 年）	1.2（1998 年）

资料来源：亚洲开发银行，2009，第 10 页。

表 6　　　　　我国汽车主要污染物排放总量

年份	一氧化碳（CO，万吨）	碳氢化合物（HC，万吨）	氮氧化物（NO_x，万吨）	颗粒物（PM，万吨）
1993	1035.2	105.8[a]	219.6	32.2
1997	2080.2[b]	212.0[c]	302.7	40.8
2000	—[d]	300.2	410.2[e]	50.6
2007	3034.1	—	—	—
2009	3110.7	358.9	529.8	56.1
1010	2670.6	323.7	536.8	56.5
2012	2865.5	345.2	582.9	59.2

注释：[a] 1991 年数据。[b] 1998 年数据。[c] 1996 年数据。[d] 缺少数据，下同。[e] 2001 年数据。

资料来源：根据《中国机动车污染防治年报》（2010—2013，环境保护部，www.mep.gov.cn）整理。

---

① 2014 年 04 月 17 日《京华时报》，记者王硕，http://news.sina.com.cn/c/2014 - 04 - 17/015929949657.shtml。

② 2014 年 04 月 30 日《金融时报》中文网，提高油品就能治霾？http://www.ftchinese.com/story/001055987? full = y。

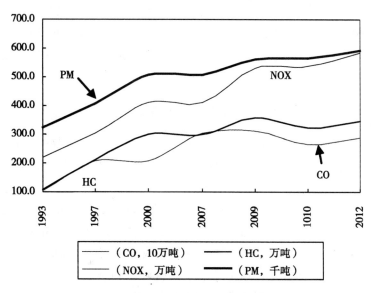

图 2　汽车主要污染物排放量变动趋势

表 7.　　　　　　**2012 年全国机动车污染物排放量前五位排序**

排序	一氧化碳 （CO，万吨）	碳氢化合物 （HC，万吨）	氮氧化物 （NOₓ，万吨）	颗粒物 （PM，万吨）
1	广东	广东	河北	河北
2	河北	河北	河南	河南
3	山东	山东	广东	山东
4	河南	河南	山东	广东
5	江苏	江苏	江苏	辽宁

资料来源：中华人民共和国环境保护部，《中国机动车污染防治年报——2013》，www. mep. gov. cn。

三　交通的能源和环境约束分析

中国要发展，只能走与西方发达国家不同的道路。一个重要原因是，中国人多资源少，西方人少但控制了世界上的大部分资源。中国若想走发达国家高消费的道路，就必须打破现有格局，控制世界上的大部分资源。然而，殖民主义已经过时，中国现在不可能重蹈列强的覆辙了；和平崛起也使得中国不能像德国和日本那样发动侵略战争；中国只能走资源节约、环境友好的发展道路，这不仅是口号，也是现实；这不仅是对外宣示，更是自我警醒。

中国的城市交通发展，不能走私人汽车的道路，重要的原因是受到土地资源、能源、环境安全的控制和约束。

（一）中国进一步获得能源供应的可能性

我国石油消费对外依存度的增大，一方面，显示出中国具备较强的利用国际资源的能力；另一方面，由于油田都集中在政治上不稳定地区，不仅具有技术和地质上的石油峰值，而且更具有"石油政治峰值"，这加剧了石油供给的不安全性（斯珀林等，2011，第108页）。表8的数据表明，全球石油储量的78%集中在少数国家，而其中的一些石油输出国家处于政治不稳、恐怖袭击频发、内战等局面；此外，石油运输基础设施，如：输油管道、油轮等，容易受到恐怖袭击和自然灾害破坏。因而，如果未来我国的石油进口过分依赖中东地区，很可能是脆弱而不可靠的。

此外，如果我们寄希望于非传统石油，则还面临一系列的国内外挑战。委内瑞拉集中了全世界85%的超重油，可是它开采和加工这种浓而稠的石油技术能力有限（斯珀林等，2011，第113页），我国即使可以大量进口，也会面临加工设备改造的巨大投入。

煤制油，需要消耗大量的水资源。我国属于水资源严重匮乏的国家，因而此方法并不适合我国国情。以中国神华煤制油化工有限公司鄂尔多斯煤制油项目为例，据绿色和平组织的调查，要制成1吨干油品，需要4吨煤、10吨净水，排放4.8吨废水及9吨CO_2，这充分揭示出西部煤化工扩张与民争水、与生态争水的严酷事实[1]。

生物质油的获得，与占用农田资源紧密相连，若大量发展，很可能会对我国的粮食安全产生影响。显然，我们不能以粮食安全为代价，去发展城市私人汽车交通。

因此，虽然国际上有人预言，到2100年，石油工业的规模要比2000年大，其中90%是非传统石油（斯珀林等，2011，第116页），然而，中国对此还必须面对资源（土地、水）和资金等一系列硬约束，其难度与获得传统石油相比，几乎是同样的。

---

[1] 《南方周末》2014年5月1日，http：//www.infzm.com/content/100313。

表 8　　　　　　世界储油国家与用油国家之间的不平衡（2006 年）

世界石油储量		世界石油消耗	
国家	份额（%）	国家	份额（%）
沙特阿拉伯	19.1	美国	25.1
加拿大	13.6	西欧	18.9
伊朗	10.3	中国	8.6
伊拉克	8.7	日本	6.5
科威特	7.7	俄罗斯	3.7
阿联酋	7.4	印度	3.0
委内瑞拉	6.1		
俄罗斯	4.6		
合计	77.5	合计	65.8

资料来源：斯珀林等，2011，第 108 页。

（二）汽车一元化的城市交通模式的不可持续性

在荷兰，有 90% 的人表示愿意为保护环境做出贡献，然而，有 70% 的荷兰人不愿意通过减少汽车的使用来保护环境（Diekstra and Kroon，2013）。与此相对应，中国有大约 64% 的人称自己是环保主义者，是欧洲和美国的逾两倍[①]，然而，在北京这样的大城市，在所有出行方式中汽车出行位列第一，约占 1/3（参见本文第一部分）。

事实上，步行、骑自行车、乘公共交通和使用私家车，目的是相同的。当然，私人汽车除了运输功能，其更为主要的功能似乎已经成为社会地位、个人财富水平、权力等的象征和表达。作为一种资本实力的体现，私人汽车正取代了汽车的实际运输功能，并且成为交通模式选择的重要影响因素（Goodman and Tolley，2013）。特别是在当下的我国，"有房有车"正成为一个人的基本社会地位的外在表征。如果一个人乘公交地铁上下班、接送孩子、开会、聚会等，不仅可能被别人视为"底层人士"，自己也会有抬不起头来的自卑。这是一种极为不正常的社会心态。

小汽车提供的自由、舒适和便捷受到了高度评价，广告和社会潮流吸引着消费者，人们习惯于受欲望驱使，得到自己想要的东西，而不顾

[①] 《参考消息》2014 年 5 月 8 日，http://china. cankaoxiaoxi. com/2014/0508/385647. shtml。

更广泛的公共利益和环境保护。美国的私人汽车交通模式，正是美国对资本主义、消费主义、享乐主义、个人主义强烈而坚定承诺的具体体现。美国的经验已经表明，依赖私人汽车的交通方式是不可持续的交通一元文化：更缺乏效率、更浪费资源、更危害环境。美国的私人汽车一元化交通模式的不可复制性，不仅因为其与我们的核心价值观不相符，更因为其严重的不可持续性。由于受到资源（能源）、环境的较强制约，以美国人的美国梦作为中国梦的一部分，不仅不现实，而且结果必然是灾难性的。因此，在我国以私人汽车出行尚未形成严重灾难之前，必须进行巨大的、整体性交通模式的变革以及实施绿色交通发展战略。

应该明确，对交通模式的选择会导致全国性、全球性后果。当大多数人都具有一种追踪时尚潮流式的方式选择时，似乎并没有认识到，我们正追随美国，走上了一条错误的道路。2013 年中国每百人拥有的汽车数量还不到 10 辆①，为此，私人汽车已经消耗了我国进口石油的约一半（参见表 4、表 2）；如果任凭私人汽车数量继续增加而去步美国的后尘，根据过去十年的数据，每 3 年我国私人汽车拥有量便会翻一番（从 2002 年的 969 万辆到 2011 年的 7327 万辆，参见表 1），假设按照目前的趋势外推，到 2016 年前后，私人汽车所消耗的石油将高达 2—3 亿吨，进口石油量的全部都将不能满足私人汽车的需要。这是非常危险的石油消费需求增长情景。

与大量消耗石油的同时，如前所述，城市大气环境质量也受到来自汽车的威胁。一些中国城市的"雾霾"，使得越来越多的中国人一夜之间忽然意识到：良好的环境质量在中国竟然成为一种稀缺资源。

四　可持续交通的制度设计及长期战略规划

1992 年的巴西里约地球峰会，提出了有关可持续发展的《21 世纪议程》，其中包括了可持续交通的内容②。可持续交通模式已经取得了世界范围的共识，其中心含义是：避免不必要的机动车出行（通过智慧规划、价格以及电信等方式实现），改变出行模式使其更具可持续性（通过正确的激励政策、信息及投资实现），以及改善汽车效率（通过清洁

---

① 《中华工商时报》2013 年 12 月 02 日，中国汽车工业协会，http://www.caam.org.cn/hangye/20131202/1405107840.html。

② 见联合国网站：www.un.org/。

燃料、良好运转的网络及环境适应的汽车技术来实现）三足同时鼎立（Replogle and Hughes，2012）。

可持续交通必须满足两个主要标准：（1）大量减少机动车出行的流量；（2）出行的机动车对环境的单位影响为最小（Geurs and Wee，2013）。

城市交通必然是一个系统网络，其构成必然需要一整套相互支撑、相互匹配、相互衔接的系统方案（自然之友、中外对话，2012）。这不仅需要根据城市的人口、资源、环境的硬约束做出长期战略性规划，而后由配套的政策实施作为保障，而且必须得到消费者的理解和自愿选择。

改造汽车本身已经很难，而要想改造交通运输系统更是难上加难，但是，新的可持续交通运输模式最终会带来巨大的社会经济收益。

（一）可持续交通战略应纳入城市长期发展规划

当国家层面的可持续交通制度设计因地域辽阔、地区及城乡差异等因素，暂时无法实现时，一个城市是有政治能力推进交通模式及私人汽车使用模式转变的（Dochety，2014），因而，率先在一个城市实现可持续交通具有现实可能性。

由于城市交通问题不仅涉及能源效率、经济、环境等诸方面，而且作为人们日常生活的一部分，决定着城市人的生活质量。此外，交通高度依赖城市规划和设计。

要实现持续交通的两个主要标准，即改变流动的方式，就要求人们在接近其居住地工作、生活，而且选择速度较慢的通勤方式。为此，城市空间范围的基础设施建设必须考虑推动促进短距离出行，使工作、娱乐、购物、医疗、教育等在住宅区附近。这与城市规划中更有效地利用土地相得益彰。此外，规划建立紧凑型城市，即在现有大城市的附近建设一些新城市群，大部分人在其内部工作、居住。新城镇将通过公共交通与现有城市连接，新城镇内部非机动车交通拥有较高的优先权（Geurs and Wee，2013）。

可持续城市交通的要素计有：步行（鼓励步行）、骑自行车（构建自行车路网并保证自行车优先存放）、连接（构建密集的街道与道路网络）、换乘（高质量的换乘）、混合（各种交通工具的混合利用）、密度（路网密度与换乘能力相匹配）、小型化（构建短途上下班通勤区域）、提升（通过停车与路网使用的管制提高交通系统的流量）等（Replogle and Hughes，2012）。

公共交通是指公共汽车、公共电车（有轨电车）、轻轨、地铁、轮渡等交通方式，其特点是：客运量大、人均投资少、占用资源少、路网利用效率高等。测算数据表明，若以公共交通占用道路面积为1计，与之相比，骑自行车为5—7，小汽车需要15—25（孙久文等，2006，第187页）。瑞士公共部门粗略估计，各种交通方式的平均投资额与消费平均支出水平如表9。发达国家的数据显示，公共交通的投入和总支出（包括环境外部性费用）都小于机动车，而公共交通的最大优势是占用资源较少、平均单位污染排放较小。因而，从完全成本—效益分析结果来看，公共交通是较经济的方式。此外，公共交通也是更紧密的土地利用形式。

表9　　不同交通方式的平均投资与消费平均支出水平（瑞士，2002）

交通方式	公共投入（欧元）	每人每年总费用 （含外部费用，欧元）
步行	4—9	4—10
自行车	7—16	8—18
机动车	300—350	750—780
公共交通	190—220	510—540

注：外部费用指由交通事故、污染等引起的其他费用，不含肇事者支付的费用。
资料来源：Sauter，2013。

城市长期发展规划的终极目标是保证人的生活质量，可持续交通既然作为城市规划的一部分，也应把生活质量作为首要目标。具体的规划与管理内容包括几个方面：

1. 避免不必要的机动车出行

通过减少汽车出行来缓解道路拥堵，同时减少能源消耗、改善环境质量。一些国家和地区的城市采取的方式有：收取拥堵费，如伦敦、斯德哥尔摩、米兰、奥斯陆、新加坡等；汽车车牌（注册）拍卖（Replogle and Hughes，2012），如新加坡、上海等。

2. 改变出行模式使其更具可持续性

出行模式出现了一些新的方式：设立快速公交通道，如广州、北京等地；公共自行车租赁系统，如巴黎、杭州、上海、北京等地；大容量轨道交通，如纽约、中国香港、东京等地；步行街、自行车网络，如哥本哈根、广州等地；停车场严格收费制度，如苏黎世、巴黎、东京、旧金山等地；优化的轨道和水路的联合运输系统管理，如德国。

3. 改善汽车效率

改善或提高汽车使用效率可以通过一些途径实现：油料效率管制，如日本、美国加州、欧盟等；电动自行车，如中国；高效率小汽车与货车，包括混合动力、电动汽车、天然气公共汽车等，如斯德哥尔摩；分时段道路收费，以保持全天 85% 的时间内交通最优速度，如新加坡。

（二）大城市减少小客车使用应从政府和机关事业单位做起

财政部的数据显示，公务用车购置及运行费 41.27 亿元，占 2014 年中央本级"三公经费"财政拨款预算总额的近 60%。推进了多年公车改革，公务用车购置及运行费仍压缩有限，公务用车俨然成为"三公"中最大的开支①。严峻的现实是，削减"三公"的最大难点在于公车消费。

除了中央本级及地方各级政府涉及的公车消费，在我国还存在着 111 万个事业单位，其编制人员为 3153 万人②。以北京为例，一些事业单位的领导，已经严重地"行政化"，根本目的是与政府部门"攀比"行政级别待遇，尤其体现在公车配置与使用上。在有些单位，局级、处级、甚至科级干部，就可以享受配有专职司机的专车，或公车私开。此外，还有一些退下来的领导保持原有待遇不变，其中首当其冲的是继续使用公车。这些供"在位"与"不在位"领导使用的公车，从购置到运行，费用存在着巨大的灰色空间，没有完全向社会公开透明。

为了削减公车消费，应该实行最严格的公车管理制度，例如：给公车上醒目牌照，便于公众监督；制定法律，限制行政级别的公车配置；将公车消费情况向社会公众公布。

（三）坚决落实公交优先，给自行车留下足够的空间

可持续的城市交通系统，应该给予公共交通、自行车、步行以足够的空间，实现私人汽车、停车、公共交通或自行车、停车、公共交通的换乘，其中：公共交通是城市的公共品，不是单纯靠市场运营就可以解决的一般商业性生意。落实公交优先的重点是提供可靠的服务，其中心

---

① 《中国青年报》2014 年 5 月 1 日，《去年三公经费降 10.2% 逾七成人望明确消费责任人》，http://china.huanqiu.com/article/2014 - 05/4985031.html。

② 《新京报》2014 年 5 月 16 日，http://news.sina.com.cn/c/2014 - 05 - 16/033030145514.shtml。

含义是：准时、舒适。

鼓励使用自行车是减少汽车出行的方式之一。在道路设计上，不仅要有自行车道，而且要建造高质量的停车设备；减少道路障碍，使骑自行车更舒适、更安全；给予骑自行车人通过主要交通路口的优先权（优先于汽车）；建设多层次交叉路口，使机动车与自行车分流（机动车地下，自行车地上）。

为提高骑自行车人与行人的交通安全性，对道路应该设定限速措施。此外，为保证缩短出行距离、减少机动车出行，辅之以必要的财政手段可以刺激人们选择靠近工作地点的居住地（Geurs and Wee，2013）。

表 10　　　　　　　　　　　　　　　　自行车出行率比较

	荷兰	英国	北京	杭州	奥地利施蒂利亚州
自行车出行率	47%[a]	3%[a]	13.9%[a]	33.5%[b]	6.5%[c]

注释：[a] 2012 年数据。[b] 2007 年数据。[c] 1995 年数据。

资料来源：1. 自然之友、中外对话，2012；2. 《人民日报》2014 年 02 月 13 日；3. Lehner-Lierz，2013。

（四）可持续交通的投融资机制

尽管可持续交通具有很高的投资社会回报（如前所述：降低能源消耗、减少污染排放、提高土地利用率、降低拥堵等），但是仍然面临许多执行障碍，主要是投融资方面的困难。投资者之所以热衷于传统的快速机动车，还是由于其单纯的经济收益较高、庞大的驾驶人群可以分散开车的负成本等原因（Replogle and Hughes，2012）。

1. 交通部门的投资误区

在许多国家，公共资金主要投入到道路建设方面，以便增加机动车的流量。公共资金还大量用于化石燃料的补贴，国际能源组织估计，2010 年全球用于交通的化石燃料补贴总额约为 2050 亿美元，其中只有 4% 用于最贫困的 20% 的人口，因而，燃料补贴是社会逆向的。到 2050 年，逐步结束的化石燃料补贴将导致全球能源需求减少 4.1% 及二氧化碳排放减少 4.7%。

资金的另一个投向是高品质汽车制造和引擎的研发，这种"高品质"往往对节约运行成本更为看重，而对成本—效率、社会经济发展以及环境影响不够重视。

私人资金的投资方向有产品研发、服务以及汽车制造的基础设施（即汽车制造业）。私人资本之所以热衷于汽车制造，一个重要原因是，在许多国家交通服务和汽车定价中不包含环境与社会成本，这扭曲了市场价格信号。利用监管手段（如新车排放标准）、拥堵税、碳税、汽车牌照限额等，在尺度、范围等方面都不足以提供较强的市场信号（Replogle and Hughes，2012）。

2. 利用国际投资可持续交通

（1）国际环境基金

由于交通的温室气体排放量已经占总量的 1/4 以上，而且增长强劲，因此有来自 GEF（全球环境基金）、CDM（清洁生产机制）及清洁投资基金（Clean Investment Funds）的不到总量 1/10 的气候变化减缓基金投向了交通部门，事实上这些投资对当地人口产生了巨大的、多方面的效益，如更清洁的空气、更快的交通时间、更低廉的交通以及更合理的流动性等。

国际上各类碳资金的投入对于交通产生了"额外"的效果。荷兰的清洁技术基金（Clean Technology Fund）已经有多个投资于公共交通部门的项目实例（详见表 11）；GEF 也增大了对交通部门的投资，以更综合的方式实现可持续交通。

（2）国际多边开发银行（MDBs）

在发展中国家，多边开发银行（MDBs）对交通部门进行了巨大的资本投入，其主要的五家银行是：非洲开发银行、亚洲开发银行、欧洲再建设与开发银行、美洲开发银行和世界银行，增长显著的是 2009 年和 2010 年，2010 年达到近 200 亿美元。在过去的 10 年里，多边开发银行形成了新的交通部门投资机制，包括行动计划、策略倡议和政策等，可持续交通项目由各洲开发银行具体实施。2006 年至 2010 年，多边开发银行用于可持续交通的投资总额为 60 亿—70 亿美元，包括轨道交通、公共交通、非机动车交通以及投资管理。以亚洲开发银行为例，其 2010 年制定的《可持续交通行动计划倡议》确定的投资目标是，到 2020 年，其 30% 的交通投资，将投向城市交通，其中：20% 用于轨道项目；与此同时，减少 42% 的公路投资。即使是公路项目，与其他多边开发银行一样，亚行强调改善、保养农村公路项目，而不是新的机动车道路建设项目。

多边开发银行宣称，为显著地转变为可持续交通，他们将自己的交通项目重新定位于可持续的、低碳的交通（Replogle and Hughes，2012）。

表 11　　清洁技术基金（CTF）的交通项目（2010 年，亿美元）

国家	交通投资	CTF 交通投资	交通项目	交通部门碳减排（百万吨 CO_2 当量/年）
埃及	8.65	1.00	快速公交（BRT）、轻轨与有轨的连通、清洁技术公交等	1.5
墨西哥	24.00	2.00	BRT、低碳公交、能力建设等	2.0
泰国	12.67	0.70	BRT 通道	1.16
越南	11.50	0.50	强化城市轨道	1.3
哥伦比亚	24.25	1.00	落实整合公共换乘系统、处理老旧公交车、使用低碳公交车	2.8

资料来源：Replogle and Hughes，2012。

（五）可持续交通的国家层面战略决策

为了应对资源（能源）环境等对以汽车为主体的交通消费模式的制约，除了形成对低能耗小型车的政策激励，推进技术创新与产品升级，以及鼓励各地区根据各自特点发展替代燃料外，更为重要的是，在国家层面前瞻地、系统地规划城市布局（建立集工作、生活于一体的卫星城等），规划城市间、城乡间的交通模式（建立轨道、公共汽车、私人汽车、自行车、停车场、步行的有效组合）。只有在国家层面对上述宏观问题建立长期战略谋划，才可能避免我国城市交通单纯依赖私人汽车的消费而引发的一系列能源、环境问题。那种头痛医头的临时措施（限购、限行等）不能解决长期性、根本性的不可持续交通问题。

参考文献

中文

[1]　[荷] Diekstra，R. and Martin Kroon：《机动车和驾驶人的行为分析：汽车使用的局限性带来的心理障碍以及可持续城市交通的影响》，[英] 罗尼德·托利编：《可持续发展的交通：城市交通与绿色出行》，孙文财等译，机械工业出版社 2013 年版，第 187—196 页。

［2］ 樊守彬：《北京机动车尾气排放特征研究》，《环境科学与管理》第 36 卷第
　　 4 期。

［3］ 洪平凡：《消费无法拉动经济增长——经济结构调整的概念误区》（2），
　　 洪平凡博客 2012 - 07 - 16，http：//blog. sina. com. cn/s/blog_
　　 9cc0e68401017fxi. html。

［4］ 洪平凡：《投资是经济增长的必要条件——经济结构调整的概念误区》
　　 （3），洪平凡博客 2012 - 07 - 31，http：//blog. sina. com. cn/s/blog_
　　 9cc0e68401017xwf. html。

［5］ ［荷］Geurs，Karst and Bert van Wee：《非机动车模式在环境可持续交通运
　　 输系统中的作用》，［英］罗尼德·托利编：《可持续发展的交通：城市交
　　 通与绿色出行》，孙文财等译，机械工业出版社 2013 年版，第 22—33 页。

［6］ ［英］Goodman，R. and R. Tolley：《英国日常步行距离的下降：解释及政策
　　 影响》，［英］罗尼德·托利编：《可持续发展的交通：城市交通与绿色出
　　 行》，孙文财等译，机械工业出版社 2013 年版，第 53—63 页。

［7］ 李扬：《中国经济发展新阶段》，见李扬主编《经济蓝皮书：2014 年中国
　　 经济形势分析与预测》，社会科学文献出版社 2013 年版，第 1—13 页。

［8］ ［瑞士］Lehner-Lierz、Ursula：《自行车对女性的作用》，［英］罗尼德·托
　　 利编：《可持续发展的交通：城市交通与绿色出行》，孙文财等译，机械工
　　 业出版社 2013 年版，第 93—107 页。

［9］ 林毅夫：《经济持续增长的驱动力是投资》，《第一财经日报》2013 年 7 月
　　 11 日。

［10］ 刘胜军：《"林毅夫命题"关乎中国经济转型》，FT 中文网：http：//blog.
　　　 sina. com. cn/s/blog_ 4982e4b20102e65q. html。

［11］ ［瑞士］Sauter，D.：《对步行的领悟力——一种意识形态上的领悟力》，
　　　 ［英］罗尼德·托利编：《可持续发展的交通：城市交通与绿色出行》，孙
　　　 文财等译，机械工业出版社 2013 年版，第 149—155 页。

［12］ ［美］丹尼尔·斯珀林、德博拉·戈登：《20 亿辆汽车——驶向可持续发
　　　 展的未来》，王乃粒译，上海交通大学出版社 2011 年版。

［13］ 徐敬、丁国安、颜鹏、王淑凤、孟昭阳、张养梅、刘玉彻、张小玲、徐
　　　 祥德：《北京地区 PM2.5 的成分特征及来源分析》，《应用气象学报》
　　　 2007 年第 18 卷 5 期。

［14］ 亚洲开发银行：《中国公路交通资源优化利用》，中国经济出版社 2009
　　　 年版。

［15］ 自然之友、中外对话.2012.《城市公共自行车调研报告》，www. fon. org.
　　　 cn，www. chinadialogue. net/。

［16］ 孙久文、张佰瑞等：《城市可持续发展》，中国人民大学出版社 2006

年版。

［17］住房和城乡建设部城市交通工程技术中心、中国城市规划设计研究院：《中国城市交通发展报告1》，中国建筑工业出版社2009年版。

英文

［1］Beddoe, R., Constanza, R., Farley, J., Garza, E., Kent, J., Kubiszewski, I., Martinez, L., McCowen, T., Murphy, K., Myers, N., Ogden, Z., Stapleton, K., Woodward, J. 2008. Overcoming system roadblocks to sustainability: the evolutionary redesign of worldviews, institutions, and technologies. PNAS 106: 2483—2489.

［2］Dochety, Iain. 2014. Sustainable development and mobility. Presentation at Workshop on Urbanization, Sustainable Development and Reform of the Public Sector. Chinese Academy of Social Sciences (CASS) and Royal Society of Edinburgh (RSE), May 26—27, 2014, Beijing.

［3］Elkington, John and Julia Hailes, Victor Gollancz. 1988. The Green Consumer Guide: From Shampoo to Champagne-High-street shopping for a better environment. London, paperback.

［4］Lozano, R. et al. 2012. Global and regional mortality from 235 causes of death for 20 age groups in 1990 and 2010: a systematic analysis for the Global Burden of Disease Study 2010. The Lancet 380: 2095—2128.

［5］Norwegian Ministry of the Environment. 1994. Oslo Roundtable on Sustainable Production and Consumption. Oslo Symposium on Sustainable Consumption.

［6］Replogle, Michael and Colin Hughes. 2012. Moving toward sustainable transport. In the Worldwatch Institute. State of the World 2012——Moving Toward Sustainable Prosperity. 53—65. ISLAND Press.

［7］Safarzynska, Karolina. 2013. Evolutionary-economic policies for sustainable consumption. Ecological Economics 90: 187—195.

［8］Sorrell, S., Dimitropoulos, J., 2007. The rebound effect: microeconomic definitions, limitations and extensions. Ecological Economics 65: 636—649.

［9］The World Bank. 1996. Sustainable Transport: Priorities for Policy Sector Reform. The World Bank, Washington, D. C. www. worldbank. org.

［10］Yang, Gonghuan et al. 2013. Rapid health transition in China, 1990—2010: findings from the Global Burden of Disease Study 2010. The Lancet 381 (9882): 1987—2015.

［11］Zhou, Wei, J. S. Szyliowicz. 2005. Towards a Sustainable Future: Energy, Environment and Transport in PRC. China Communication Press.

深刻的社会变革

——"可持续消费"与"节能优先战略"对比

郑易生

一 可持续消费研究进展

（一） 发达国家对可持续消费的研究

"可持续消费"与"可持续生产"（SCP）是在发达国家首先提出的概念，与我国的"节能优先战略"有相近之处。自20世纪90年代提出SCP以来，发达国家对可持续消费及生产的研究不断强化，认识也开始发生变化。

1. "可持续消费"与"可持续生产"的概念

（1） "可持续消费"和与其并列的"可持续生产"（SCP）的这一术语是20世纪90年代国际社会的环境保护力量在呼吁可持续发展的过程中形成的。其权威出处是1992年联合国环境与发展大会（里约峰会）通过的《21世纪议程》。该文件第四章指出："全球环境不断恶化的主要原因是不可持续生产方式与消费方式。特别是工业化国家"；并号召各国"促进可持续生产方式与消费方式（即减少环境压力并满足人类基本需求）。更好地理解消费的作用，形成更加可持续的消费模式"。可以说，对消费侧的重要性。

（2） 1992—2002年是SCP最初努力阶段。国际组织与一些发达国家在研究SCP，特别在探索"可持续消费"方面做了大量工作。其中包括：关于可持续消费的国际圆桌会议（挪威政府，1994）；UN的CSD发布关于改变生产方式与消费方式的国际工作计划（有中文版，1995）；"里约+5"会议上（1997），在可持续发展争论中，各国政府明确"可持续消费"作为可持续发展的占最重要地位的（over-riding issue）问题和一个"横向主题"（cross-cutting theme）。1997 后，OECD，EU 关于 SCP 的项目研究报告公布。1998 年 UNDP 的"人类发展报告"中，明确关注关于消费的话题。这一年 UNEP 成为主要倡导可持续生产与可持续消费的国际机构（协同 UNDESA）。

十年来，"改变消费和生产方式"已被认同为支撑可持续发展的三大目标之一。

（3）2002 年开始到今天的新阶段涉及更多具体行动。2002 年世界可持续发展峰会（约翰内斯堡 WSSD）的主要成果是公布了"实施计划"，特别是（第 4 章）号召各国政府"支持区域性和国家旨在加速转向可持续消费与生产的 10 年计划框架"，而在这次大会文件阐明的 SCP 的内涵较之十年前的《21 世纪议程》似更可操作了。下面是其两个具体体现。

第一，2003 年，由 UNDP 与 UNDESA 协调的国际集体努力的，旨在推动"可持续消费与生产的 10 年计划框架"Marrakech process（2003—2012）开始实施。它的活动包括国际、国家、地区三个层面，方法是举行专家会议，圆桌会议（其中包括 2006 的北京会议），专题研究组，在有关范围提出 SCP 框架、战略与行动计划，促进各有关方面合作与对话。Marrakech process 围绕三个主题，第一个是使可持续的产品及服务主流化（促进可持续的产品及服务的生产，促进可持续的产品及服务的消费），例如：日本"Top Runner Pr，ogramme"。第二个是走上可持续的生活方式之路，例如：the Dawn Project。第三个是为实施 SCP 合作。

从已有的实践看，Marrakech process 中见诸与行动的是以项目为主体，从产品层次出发案例性质的成果。特别是对于可持续消费，其手段是充满倡导性、自愿性的引导和服务性支持。

第二，为实施"可持续消费与生产的 10 年计划框架"，英国政府带头于 2003 年公布了"改变方式——可持续消费与生产的英国政府框架"，由两位部长（环境食品农业部部长与工业贸易部部长）共写的前言中称"本文件将经济与环境放在一起处理，以推进可持续消费与生产的行动，这在历史上是第一次"。作为一个发达国家旨在减少经济发展对环境与资源压力的政策框架，它体现了怎样的认识与思路呢？

首先，是该战略对所面临挑战的性质及其范围采取的态度。对于资源前景，乐观派认为完全可以以一半的资源获得两倍的增长（factor 4），而悲观派认为按照现行消费方式推广人类需要三个地球。对此英国政府

（该政策框架）的基调则是"人们对前景的估计确实有相当大的差异，但毫无疑义的是：为了保住可持续性我们需要做出有实质意义的改进"。而另一方面，政府承认并提请注意当下人们在认知上不平衡问题——相对于对气候变暖问题较为充分和有力的理解，这里评估与物质资源联系的环境极限要复杂得多，对此人们的理解还远为不够。

其次，是对十年来在可持续消费与生产的尝试中的有成效成分的梳理。这些进步是：一是许多厂家已从实践公司的社会责任中获得商业利益，其中不少是通过减少浪费和改进能源效率。二是一些措施使消费者与投资者获得更多信息，从而在购买选择中更能实现其伦理的（如绿色的）偏好。这帮助刺激市场更加积极地销售那些可持续的商品及服务。三是NGOs与各方合作推进改变消费与生产方式的格局。

再次，是政策目标。① 在消解经济增长的环境退化上，成功的领域是大气、水污染及能源二氧化碳减排；薄弱环节是交通产生的二氧化碳、废料。而最落后的领域是家庭消费。鉴于此，政策思路是："我们自己的个人行为造成的环境影响应是更密切地与消费支出相关的，而不是泛泛地与作为一个整体的经济相关的"。② 优先解决产生环境影响大的那些资源的使用问题，而不是关注所有资源使用的总水平。③ 增加能源与材料使用的生产率，这也是国家提高生产率目标的一部分。④ 鼓励和从信息等多方面协助那些有积极性的个人或公司的消费者，使他们实践更加可持续的消费。英国政府认定主要的挑战就是能否让那些有利于环境与社会的更可持续的选择行为由"摆设"变成社会主流。

第三，是政策方法论的原则——竭力追求整体的最终效果。在保持与更高级别原则［即国家可持续发展纲领性文件（Changing Patterns: UK Government Framework for Sustainable Consumption and Production, Department for Environment 、Food and Rural Affairs.）（zys1）］一致性前提下，英国可持续消费与生产政策框架力求形成几个特征：① 整体方法：考虑产品的整个生命周期，在"资源—废物"流程中尽可能在"上游"环节处理问题。② 依靠市场，区分与明确哪里是市场失败的主要区间。③ 将SCP思想与目标整合进所有其他政策过程。④ 使用精心设计的多种政策措施的组合，不能单一化。⑤ 刺激创新。

该框架特别强调的为确保政策的最终后果（即最后改变了什么？而不是在过程中做了什么？）要将这一政策建议始终置于受"政策管制影响评价"程序的检验之下。（Regulatory Impact Assessment）

第四，帮助（Delivering）可持续消费与生产的发展。

2. 国外对可持续消费理论探索的几个问题

如果说政府和国际机构的文件是考虑了政治、经济等现实因素的权衡结果的话，一些研究论文则更能反映对可持续消费理论探索的不同思考。

在过去几个世纪里，工业化国家成功开发出一系列技术手段，使人们得以用较少的能源投入供给其日常生活必须的需要。例如：用简陋的烧木柴的炉子做饭的效率一般为5%—10%，而今天的燃气炉的效率达到40%。一百年以前，发电的效率是5%—10%，而今天现代电厂的效率超过40%。工业化国家的每个地方和领域的技术效率都大幅提高，这很容易令人们以为这将继续到无限的未来。在一些领域特别是终端能源使用技术上，例如住房的热效率（现在只有10%）技术效率的确还有较大上升的空间，但是经验表明技术的改进是一个缓慢的过程；而在许多情况下，能源效率正接近于实际的或理论的极限。然而真正的问题不是在这里，而是人们发现即使在发达国家，能源效率的持续提高并没有减少能源消费总量。"为什么效率提高而能源总量（和环境压力）不减反升？"的现象，成为近年来国外可持续消费与生产理论关注和争论的一个重要问题。

（1）"反弹效应理论"的解释

"反弹效应理论"（rebound effect）是：在一些情况下，那些从更高效的技术获得的能源节余，被用来促进能源服务消费的进一步增长。例如在工业化国家，尽管新汽车的耗油和污染物排放大大改进，由于汽车数量更多，行驶更长，结果燃油耗量、用于制造的资源、占地、排放二氧化碳等更多了，或没有真正改进。在英国，从1999年到2003年，平均每台洗衣机、洗碗机、制冷设备耗能分别下降4.5%、9.5%、6.7%，但总能耗分别增长了18.5%、6.8%、-2.2%。注意同期洗衣机、洗碗机、制冷设备数量分别从2040万增加到2540万、从560万增加到650万、从3600万增加到3770万。可以说，"反弹效应理论"促使发达国家一些决策者注意到并部分解释了一个他们曾经不经意的政策效果问题——从整个经济角度看，它从技术效率的提高中最终真实得到的能源节约多少要少于它们（效率改进）的直接影响。"反弹效应"一词不仅出现在学术讨论中，在上述"改变方式——可持续消费与生产的英国政府框架"中也有近一页的专栏加以说明。

当然究竟有多少"节能"是以这种方式（反弹效应）被"吞掉"的，学者们估计得不一样，有说极少，有说几乎是100%。似乎居中的估计是20%的从能效提高得来的节能又被它促进的活动增加收回去了。发达国家的历史经验（特别是20世纪70年代石油危机时期）说明能效提高对减缓能耗总量增加的贡献是不可否认的。OECD国家"在效率提高时能源消耗总量不降反升"的现象主要还不是由于狭义的"反弹效应"，而是更宏观的因素：总的经济中的生产率提高（包括能耗的提高）被用以推动了GDP的增长，从而带动了更多经济活动，导致能源需求量增加了。

对于"反弹效应理论"，还应补充两点。一是反弹效应的大小取决于一个国家的发展水平、经济结构等因素。发展中国家由于能源等生产要素相对（劳动力）价值高，能效提高对经济增长的贡献要比在发达国家更为突出。二是反弹效应理论是建立在社会对能源服务不知足、不限制的假设之上的。

（2）关于资源效率与消耗总量（及环境影响）之关系

"在效率提高时能源消耗总量不降反升"的现象引起了一些学者对欧洲保护能源政策的反思。他们甚至反问：将"提高效率"与"减少总量"混为一谈是不是一个"自欺的"能源政策？并提出了"技术效率陷阱"的警告："（欧洲）能源保护政策经常被表面上显得巨大的技术效率所蒙蔽，因而常自陷于一个悖论之中：他们鼓励的方法可能实际上在增加能源的使用。""反弹效应"已指出一些微观的能耗指标——尽管是很合规范的——如果被简单片面地使用来指导节能工作就可能出问题。例如人们用加热每平方米地板面积年度能耗来度量住房取暖的技术能源效率。事实上许多大一些的房子能耗量更大，但是由于几何效应其单位面积地板的热消耗反而少，因而被认为更有效率。又如大型冰箱、大排量轿车都有此问题。从宏观效率看，也可能有认识的"陷阱"：对一个工业化国家，经济越大，能源效率越是容易"自动的"借助于每GJ能源产生的GDP得以获得，实际上这主要来源于规模经济效应，或正处于转向轻型化结构、更多服务业占据经济的阶段。用每美元GDP消耗多少能源作为经济计划成功的度量，容易忽视环境问题的产生和严重化不是源自单位GDP能耗，而是源自在某个时段究竟消耗了多少能源。能源经济效率的概念在用于经济与环境交互动的地方是一个相对的和容易引起问题的概念。如某个行动或决策产生的正的后果大于负的后果，则它被视为经济上有效率。但什么是正的什么是负的又涉及价值判断。在现代主义的发展范式——它仍占主导地位——GDP 增长就是正的。一个考虑了环境可持续性的发展目标虽然对副作用敏感了，但与增长（的正负）并无不同。这便导致了一个目标层面的交叉集合——在这里增长（"经济效率"）与减少（"环境效率"）都是"正"的。这就迫使政策制定者接受自欺——即过分相信人们可长期得到继续的能源服务增长，同时能源使用减少。

一些研究者用 Ehrlich：恒等式表达能源效率、环境影响、能源使用之间的关系：

$$I = P \times A \times T$$

其中 I：环境影响，P：人口，A：人均消费量，T：技术

该式表明如果将左侧，即环境影响作为一个需要关注或遵守的目标量，那么假设技术的改进的作用比不上人均消费量（能源）提高的相反作用，则从环境影响角度看就是情况恶化，这正是发达国家的情况。由于能源的经济效率指标并不能反映这两个作用对环境的影响谁更大些，显然这对一个以环境影响为最终衡量准则的国家就不是一个与目标一致的指标。OECD 国家看来是将环境当作政策的"硬"目标，但在实际中还没有理顺目标间的协调性问题。关注消耗总量的人评论说，单纯鼓吹能源效率的人宣扬"投入较少，获取更多"，但事实上关注点压根就一直放在"获取更多"上。他们认为如果这些国家的目标是给人民提供一个足够的，但是有限定的能源服务量，则来自较高效率技术的直接的节能效果就能全部实现了。这样分析思路的政策含义是：长期看侧重点需要从"增效"转为"减工作时数"；近期看要投资耗能更小的设备。

（3）关于消费侧措施的地位以及什么是"可持续消费"？

①对消费问题的重视正在空前增大，但是分歧也显现出来

上述动态都指向新的潜力源——消费侧。近年来在发达国家一直存在着重视消费问题的社会舆论，认为资源生产率的提高尽管绝对重要，但只靠它自己来完成可持续发展将是不够的，消费方式与消费规模的转变也是绝对不能缺少的。而实现后者依赖于人们能不能在影响工业的效率、商业行为表现和产品设计的同时，还在影响广大消费者的期望、选择、行为和生活方式上有所作为。这些问题是正在上升的"可持续消费"概念中的关键组成部分。几乎没有人公开反对"可持续消费"的重

要性，而且除了社会团体，一些国家的政府也准备付出实际行动。例如，2006 年，英国一个研究团队提出了要求英国政府自身减少碳排放的计划，得到政府赞同。时任首相布莱尔在与该研究组见面时说："努力改变我们的生活方式，使之成为可持续的生活方式，是 21 世纪最重要的挑战之一。气候变化的现实最好地告诉我们无视这些挑战带来的后果将是什么。我们要让政府部门做可持续（消费）行为的表率，这要体现在中央政府运行的方式以及它购买物品与服务的方式上。"①

然而在现实中，在"可持续消费究竟是什么？它应当是关于什么范畴？"这些，基本上人们远未达到共识，甚至还很难谈到一起。这首先反映在各机构给出的定义五花八门。从中人们可注意到两件事：一是不同定义反映的，说到底是在多大程度上强调消费者、生活方式和消费主义问题的不同立场。有的鲜明清晰，有的则使"可持续消费"与"可持续生产之区别含糊不清，还有的简直就是重复早年可持续发展的那个空泛的定义。二是其内含的政策方向区别——"可持续消费"要求是消费更有效率？还是消费更有责任感？或者是消费更少？从这两个角度看，可简要地说，十多年来，围绕"可持续消费与生产"一直贯穿着两种倾向的争论：一派是强调"效率"（在生产端挖潜，即使在消费侧，也重在产品的效率）另一派强调"方式"（从消费侧挖潜，特别是不能回避从"改变消费方式"问题）。如果说《21 世纪议程》（里约，1992）是人类第一次明确地发出向新生活方式转变的意向，可谓是"高调出场"的话，那么后来的调门有所降低：在之后十年的研究与试点中，人们并没有发现一个自上而下的新消费方式运动按期望的那样兴起。相反，在强调"改变生活方式"的学者看来：2002 年的 WSSD（约翰内斯堡峰会）的"可持续消费与生产的 10 年计划框架"由于"消费更有效率"，实际上是从 1992 年"21 世纪议程"提出的 SCP 水平上的"倒退"。目前，被 UNEP 关于可持续消费的定义可视为是一个组织机构的共识："可持续消费不是要消费更少，而是消费要有所不同，要更有效率的消费。"这是当前的主流认识。

但是批评者认为：这样提出问题不能推动关于生活方式和消费主义问题的争论，还很可能助长一种片面的逻辑：可持续消费就是（更）可

---

① 引自 Blair Government Vows to Go Carbon Neutral by 2012. mht, International Daily Newswire, （Jun. 13. 2006. http://www. ens-newswire. com/ens/jun 2006/2006－6－13－022. asp.）。

持续的产品的（更多）消费——而达到此目标的主要机制是什么呢？——寻求资源生产率。依此观点，可持续消费就相当于（混同于）可持续生产了。

②"可持续消费"与深刻的社会变革

人们优先考虑从提高效率来减缓资源和能源压力是非常自然的。因为一方面新技术在不断发展，使用能源与资源的效率已经大幅度提高并在继续提高；另一方面，改变人们的消费行为涉及面太广太深，谈何容易？即使人类从消费侧的深层的努力成为越来越重要的维持星球可持续性的途径，这也将是一个充满反复与曲折的道路。许多研究者放弃了简单化思维，认识到承认可持续消费争论中立场的多样性及其植根其内的价值观的存在，是将争论深入进行下去的第一步。人们发现不论何种观点倾向，重要的是对消费行为和人的选择必须有清楚的理解：为什么我们要消费？我们从消费品中期望得到的是什么？我们是否成功地满足了这些期望？是什么限制了我们的消费？什么是驱使我们的期望的主要力量？……这些问题对于我们理解消费行为并领悟可持续发展是至关重要的。值得注意的是，一般经济学在这个领域中的资源不足，甚至不认为这些是问题。[例如：生态经济学家就认为，能源政策的三大问题（配置，分配，规模）中，一般经济学只研究了一半，没有视规模（scale）为一个问题。]而心理学、社会学、人类学、生态经济学等学科则做了大量研究，探讨了一些关键的问题。如他们努力研究"消费"与"幸福"（well-being）的关系，发现两者之区别。有实证研究显示：人们对物质化价值的追求远不仅是为了改善生活质量，而是为获得心理的"幸福"。又如他们对物质产品占有的社会符号作用的研究，发现当今这样组成现代社会已经很适于让商品的符号性质在凸显社会尊严、维护社会能力、维系社会关系中发挥至关重要的作用。还有研究说明一些被批评得过度的、不必要的消费未必是都故意炫耀与奢华，而有更经常或更深的原因——社会已经使"与时俱进"的消费成为一种"普通"（不是要显示什么）的消费。消费者自己已被"锁定"在不可持续的消费模式上了——不管是被社会规范（它超越个人控制力），还是被制度背景所限（个人只能在其内谈判）。这些无不造成了可持续的消费政策的复杂性与难度。在西方国家，通常政策的传统是政府干预消费者选择越少越好。"消费者主权"的说辞已主宰经济学，甚至政治学几十年了。但是坚持1992年"21世纪议程"改变生活方式理念的人认为"消费者主权"的说教是不正确的，无助于推动人的行为的改变——特别是因为它把选择当作个人的事，它不能摆脱加在私人行为上的社会的、心理的、制度的影响。最重要的是上述研究提供的实据表明：公共政策在设计和形成社会大背景上（我们的活动都在其中）应起的至关重要的作用。可以预计：改变人的行为给政府的作用提出了新的重大的要求。

总之，目前在可持续消费实践中，强调更有效地生产更可持续的产品的"资源效率派"的影响远大于"生活方式派"。原因除了消费侧的问题太主观太意识形态，难以用政策干预外，还因为它难免触动现代社会存在的根基（干预消费冒犯消费者主权，威胁文化多样性），这是对从 18 世纪形成并在 20 世纪扩张到全球的重大历史潮流——消费主义的挑战。但是作为"环境时代"产物的"生活方式派"的影响正在迅速发展中。他们自信地认为："问题是要使我们促进的行为变化在政治上可接受。这不仅需要获得国家层面的支持，还要成功地结合对消费的意义从社会的和心理的层面的新理念。眼下主宰一切的消费主义看似不可逾越，但是人类社会在价值体系上已经发生过数次重大的变化——如奴隶制、种族歧视、性别平等……或者在较小范围内的变化，如社会对吸烟、酒后驾车……我们可以再有一次变化。越来越明显的是：以消费者为基础的社会甚至不能控制它自身产生的问题，更不要说以有意义的方式改善人类的条件——这一切还不应当使我们为变化做准备吗？"

（4）关于消费分配不合理

发达国家的能源政策中关于消费方面的研究，是不能与全球能源消费格局分开的。上述发达国家的战略框架和一些学者在讨论欧洲能源政策的问题时，都涉及其全球视野和观点。事实上，如果发展中国家向发达国家的消费方式看齐，对世界环境产生怎样的影响，恰是 1992 年世界环境发展大会上共同关注的一个问题。从一些学术论文看，不少西方学者在呼吁国家对可持续消费认真看待的同时，还不同程度上认识到要真的避免世界环境灾难，上述的"效率途径"和"生活方式途径"还不够，还要正视第三个视角的问题——当今世界能源消费分配格局的不合理性。一些学者一方面批评发达国家政策的无效与"自欺"，呼吁改变生活方式时，注意到中国等发展中国家消费能源水平的提高是满足基本生活需要，包括社会基础设施建设。指出要给发展中国家留出环境空间。"反弹效应"对于发展中国家来说是较为节约的实现大多数人基本需求的路子。更有一些学者经过分析得出的结论是：世界环境—能源不可持续的总根源是世界范围的消费分配结构不合理造成的，出路是要求世界范围的消费再分配。

3. 小结

近十几年来，工业化国家对可持续消费与可持续生产（特别是能源的可持续消费）的探索是人类追求可持续发展进程中的一个重要阶段的前奏，其大势不可阻挡，但其过程中充满争论、博弈、"冒进"、"迂回"与"倒退"……由于没有深入研究和调查，对有关政策难有体会。但这里可以归纳一下有关政策讨论涉及的或提出的问题，以及政策讨论背后的一些理念。

第一，资源生产率（或技术效率）的必要性毋庸置疑，问题是仅从技术效率或能源经济效率出发能不能，或怎样才能避免或减缓"某些效率指标（微观或宏观的）的上升，而能源消耗量下不来"的现象？发展中国家的发展水平（包括其"反弹效应"的影响）与发达国家不同，但是手段性目标与战略性目标的一致性问题同样是一个需要特意研究的问题，特别是在一个长期战略中。

第二，发达国家在很大程度上是以环境影响作为安排能源战略的限制性的前提的，工业贸易部门与环境部们共同制定能源政策框架，强调服从并保持与国家可持续发展战略的一致性，参照环境影响敏感性决定能源优先领域——。这未必很适合能源安全压力更大的发展中国家的情况，况且还有国际环境政治（包括气候变化谈判）问题——。但是如果环境影响与能源战略的关系（尽管两者相当大程度正相关）不能从大的原则到具体考核指标各层面加以认真研究，有没有可能在实践中发生扯皮的现象呢？

第三，相对于"可持续生产"，目前的"可持续消费"是一个说起来无比重要，做起来困难重重的事情——因为它太繁杂、太分散、太有争议，它说到底不是一个关于"消费标准"的经济政策问题，而是一个需要整个社会都要参与的，涉及行为和观念变化的社会经济文化的综合政策与变革。从客观发展形势看，消费侧的问题将变得越来越重要和现实。而发达国家近十几年对"可持续消费"的持续的试点和大争论实际上是为它作了最大最有效的思想准备。而在我国，"是否将消费侧的政策提上日程？"的问题应该提出来讨论了。我国内需消费带动经济增长的阶段可能会到来——这看起来与"节约型社会"、

"节能优先"、"可持续消费"是"相反的",实则是消费侧能源政策的最大机会,也是它进入的主要时机。消费需求的锁定可能比生产技术的锁定影响更大。

第四,不考虑国际上环境与能源公平,"可持续消费与生产"问题是难以真正解决好的。作为"南方"国家,我国需要争取环境空间来满足基本需要,但这需要通过平衡的国家政策才能实现——因为中国国内也有"发达部分"与"不发达部分"之间的关系问题,也即公平与可持续性之间的关系问题。

所有这些问题都关系到一个问题:战略的整体效果与最终效果。

(二) 中国对可持续消费的研究

1. 对消费主义的介绍

批评消费主义成为我国可持续发展研究领域中的一个集中点不是偶然的。随着我国对外开放和经济的发展,西方的消费主义进入我国并对我国社会生活产生了广泛而深刻的影响,成为建立节约型社会的强大的"隐性的对抗力量"。迄今为止,参与有关研究的主要是社会科学工作者,而且主要是哲学、社会学、文化人类学等领域的学者(经济学者相对不多),另外,在影响较大的报刊上有关内容也不多。总的说来,多数学者是介绍性的阐述消费主义概念,也有少数对消费主义与我国经济发展现实的关系进行探讨和分析。

2. 关于消费主义与发展主义的关系

郑红娥(2005)理清了发展主义与消费主义的理论渊源、相互关系以及现实走向。提出了在发展中国家如何超越发展主义与消费主义,是解决其困境和寻求出路的一个关键问题。她认为消费主义在中国的蔓延并不是和发展主义同步进行的。严格来说,只是到了20世纪90年代初期的繁荣以后,消费主义才作为一种价值取向和日常实践,在中华大地上开始四处蔓延。在中国,发展主义和消费主义的表现是相互交织的。一方面,一些"新富"为享受发展的成果,常常通过炫耀性消费来显示其"出人头地";另一方面,自80年代中后期,就不断有人鼓吹"高消费",认为这是刺激经济发展的动力之一,是为许多人纵情消费提供了崇高的理由。该文提出了中国现实中一个较为复杂的现象:尽管消费的历史地位和历史作用得以前所未有地凸显和强调,但是,由于受发展主义惯有思维的影响,大众消费所赖以建立的体系条件，如城乡分裂局面并未打破，健全的社会保障体系没有建立，使得广大民众为追求自身或后代的发展，在高昂的教育投资面前，宁愿把钱存进银行，延时消费，从而造成了中国目前经济发展内需不足的困境。作者意识到事情的"两面性"：一方面是，"一个社会进步的激情不可能抽象地存在于虚幻的国家意识和民族精神之中，只有大多数社会成员脚踏实地为实现自己的利益奋斗时，这个社会才是一个真正有希望的、充满活力的社会。相反，如果一个社会总是号召民众存天理、灭人欲，唯恐'为富不仁'、'富则败德'，那么，这个反对货币的社会其实也是一个自我否定的社会，是必然要被历史淘汰的社会。"另一方面是，激发人欲、追求功利的发展主义，铺张浪费、炫耀身份的消费主义又带来严重问题。中国在现代化过程中应该如何处理好它们的关系？作者提出这需要人类社会实现一次思维的转换，由过分注重经济增长的发展主义转变为注重生活水平的提高和生活质量的改善的"发展"原意上来，同样也由盲目强调消费品欲求的消费主义转变为更多强调个人成就和社会关系和谐等精神消费的"消费"本意上来。中国应当结合自身的讲求伦理、黜奢崇俭的文化传统，通过一种中国式生活方式的培育，从中挖掘出工商业文明的精神价值，无疑是超越发展主义和消费主义的关键。

3. 中国农民问题与消费主义的关系

贺雪峰对中国农民的处境与消费主义的关系的见解可以说是对消费主义最尖锐的批判。他指出：电视广告每时每刻都在传播消费主义文化，它告诉观众，有钱的生活才是体面的生活，"我消费我存在"。但在农民收入有限的背景下，广告和时尚调动了农民的消费欲望，农民却没有实现他们应该具有的现代生活所需要的就业和经济收入。他们成为有需要而无能力的无效需求，成了彻底的边缘人群。他甚至认为，在农民没有消费能力的时候，诱导他们消费，是一个愚蠢的行为。他指出一个未来五十年的情景：中国市场经济进一步发展，现代传媒进一步渗透，城乡隔阻进一步消失，这五十年，农民的福利越来越依赖于货币，大量的消费需求被制造出来，逼迫农民用货币来购买。以前是小康的生活，因为整个社会新的消费需求制造出来，而变成了温饱，以前尚属于温饱的生活，下降为贫困。这样一来，农民的福利就不仅仅是因为相对收入下降而且绝对收入（购买能力）也下降了。庞大的农民群体在方便的交通信息支持下，他们因为经济上的福利损失而产生对整个社会的不满，他们中的一部分人会越出制度的轨道。①

4. 教育与消费主义的关系

在研究中国消费主义的表现时，教育与青年工作领域，特别是大学生中的消费主义影响是众多研究者关注的地方。消费主义价值观在大学校园中有较为多样的表现形式，对大学生自身、校园管理以及社会的影响巨大②。

5. 消费主义与生态文明的关系。

卢风（2008 年）提出，生态文明是超越现代工业文明的更高级的文明。为建设生态文明，必须普及生态学知识，树立生态价值观，实现"良心的革命"，摒弃物质主义、经济主义和消费主义价值观；必须促成科技的生态学转向；必须使制度建设摆脱"资本的逻辑"的束缚，激励生态经济的成长和发展，鼓励绿色消费。绿色消费是遵循生态规律的消费，是耗费最少资源而获得最大满足的消费。

生态文明建设问题终于成为我国社会的热门话题之一，这得力于最高领导层的重视。但不同论者对"生态文明"的界定是不同的。附和主旋律的论者把生态文明看作是与物质文明、精神文明、政治文明并列的一个文明。他们以前认为文明由物质文明、精神文明和政治文明构成。现在认为，还需要增加一个新的部分，这便是生态文明。对现代工业文明有明晰批判意识的论者则认为，生态文明标志着一种崭新的文明，是一种超越工业文明的全新的文明形态。

小结：在对消费主义文化进行批判中，我国研究者除了直接从当代西方国家生态文化那里认识和介绍消费主义概念，一些作者还力图借用马克思主义的理论，介绍了马克思主义的生态观，还有一些作者则设法以发扬我国传统文化的潜力的途径克服消费主义的影响。

6. 对可持续消费的研究

我国另一些学者围绕建构我国"可持续消费模式"进行研究，近年来有关研究越来越多。在很大程度上这些研究也是较多地集中于对这个概念介绍与理解上的讨论。不少学者在讨论可持续消费的合理内涵时都支持如下可持续消费的基本原则：

第一是适度消费原则。以满足人类生存发展的需要为基础，不超过

---

① 见《防止消费主义文化对农民的剥夺——华中科技大学乡村治理研究中心主任贺雪峰访谈录》，《中国老区建设》2009 年第 4 期。

② 斑嗜：《略论大学生消费主义价值观的转化》，《教育探索》2007 年第 6 期。

自然的承载能力和个人的生理承载能力，不能以破坏地球的生态平衡与生物多样性为代价来提高人类的消费水平。因此，适度消费应有利于节约资源、保护资源和最优化利用资源，杜绝浪费和对生态环境的破坏。适度消费之下的消费水平还应与经济发展水平和居民收入水平相适应，避免过度超前消费。

第二是公平消费原则。包括代际公平和代内公平。可持续发展的代际公平原则强调当代人在发展和消费的同时，应使后代人有与当代人同样甚至更好的发展机会；代内公平原则要求任何国家和地区的发展与消费不能以牺牲别的国家和地区为代价，就一国或一个地区而言，提倡面向全体公民的消费模式，使消费有利于广大社会成员的全面发展，而绝非少数人的高消费和多数人的低消费并存的局面。

第三是以人为本的原则。强调在消费结构上要形成合理的比例关系，实现人的全面发展。特别是 21 世纪，人类已进入情感消费年代，不管是在享受物质消费还是精神消费，都要以满足人的情感需求为主导。

第四是科学消费原则。在"衣"、"食"、"住"、"行"、"用"、"娱"、"游"等消费领域，要用科学知识来指导、规范消费行为，形成健康的消费方式。可持续消费是一种与环境友好的消费观念和消费行为，在商品的选择、消耗到废弃的全过程中应考虑其对环境造成的负面影响，坚持"5R"：Reduce 节约资源、Re—evaluate 环保评估、Reuse 重复使用、Recycle 垃圾分类、Revue 救助物种。

第五是和谐消费原则。可持续消费的思想体现了人类消费本来的含义，摆正了人类自己的位置，明确了消费的目标——不是对自然的占有，而是共存。因此，可持续消费并不是介于因贫困引起的消费不足和因富裕引起的过度消费之间的折中，而是从消费的角度实现生态—经济—社会的协调发展，主张人与自然的和谐相处，经济发展、社会进步和生态环境保护之间的协调。（陈晖涛，2006）

7. 消费主义与生态文明的关系

我国一些学者还对实现可持续消费所需要的深层思想、制度基础进行了的研究。卢风（2008 年）指出：（1）近年来，生态文明建设问题终于成为我国社会的热门话题之一，这得力于最高领导层的重视。但不同论者对"生态文明"的界定是不同的。卢风表示不能认同那些附和主旋律的论者，即把生态文明看作是与物质文明、精神文明、政治文明并列的一个文明，是在以前理解的文明（由物质文明、精神文明和政治文明构成）上需要增加一个新的部分。他提出对现代工业文明有明晰批判意识的论点：生态文明标志着一种崭新的文明，是一种超越工业文明的全新的文明形态。（2）为建设生态文明，必须普及生态学知识，树立生态价值观，实现"良心的革命"，摒弃物质主义、经济主义和消费主义价值观；必须促成科技的生态学转向；必须使制度建设摆脱"资本的逻辑"的束缚，激励生态经济的成长和发展，鼓励绿色消费。（3）绿色消费在生态文明中居于非常重要的地位。我们不可能像甘地所希望那样，拒绝一切机器生产回到"手摇纺织"时代，更不可能回到狩猎/采集时代。唯一的出路就是生态文明的绿色消费。在生态文明中，我们将以明晰的生态意识指导我们的消费，我们将学习农牧人的勤俭节约绿色消费应以生态经济大系统的整体优化为出发点，以最小的自然资源消耗实现最优的效用传递。（4）为激励生态经济和绿色消费，政府应通过生态学和经济学的计算，规定主要消费品的最高消费额度：如汽车消费额度、住房消费额度等，并通过立法和公共政策去限制过度消费。生态文明完全可以借用市场经济的办法。

二　中国政府与社会对建立可持续消费模式的实践

（一）政府方面的工作

我们从一些国际会议观察中国政府在推进可持续消费模式方面的态度与做法。

1. 2006 年 5 月 26 日，由欧洲委员会、联合国环境规划署和中国国家环境保护总局共同主办的"中国可持续消费和生产圆桌会议"在北京举行。

此次会议的主要议题是：中国与欧洲国家之间就循环经济的概念与马拉喀什进程（2003 年联合国马拉喀什会议上制定的可持续消费和生产十年发展进程）的联系、废物综合管理、环境标志、可持续采购、可持续产品、可持续建筑物等方面进行交流，并探讨进一步的后续行动。来自欧盟委员会、联合国环境规划署、联合国经济和社会事务部、欧盟成员国和其他国家的代表；中方为政府部门、产业界、消费和生产协会、社会团体、环境类非政府组织的代表出席了本次会议。

会上来自 UNEP 等国际组织的专家介绍了马拉喀什进程、成果，未来挑战；欧盟可持续消费和生产；挑战和机遇等内容，来自中国国家环境保护总局、财政部、国家环保总局环境认证中心和政研中心的专家分别从不同角度介绍了目前中国在促进社会可持续消费和生产体系建设中的经验。会议认为，中国的经济发展已连续 25 年实现超过 9% 的高速增长，同时也付出了高昂的环境代价。中国正步入一个充满机遇但也充满挑战的关键时期，中国的粗放型经济增长方式还没有根本转变，人口、资源、环境的压力始终存在，环境状况与人民群众的期望、和谐社会的目标相比还有相当大的差距。如果不改变旧有高污染、高消耗的发展模式，经济发展速度越快，带来的环境问题就会越严重。

会议认为，建设环境友好型社会就是全社会都采取有利于环境保护的生产方式、生活方式、消费方式，建立人与环境良性互动的关系。反过来，良好的环境也会促进生产、改善生活，实现人与自然和谐。建设环境友好型社会，就是要以环境承载力为基础，以遵循自然规律为准则，以绿色科技为动力，倡导环境文化和生态文明，构建经济社会环境协调发展的社会体系。通过鼓励使用环境标志产品和政府绿色采购等手段引导合理消费，规范消费行为，逐步形成节约资源、保护环境的消费方式，实现全社会的可持续发展。

会议充分肯定了近年来中国在推进社会可持续消费和生产所作出的努力，并希望中国能够为全球的可持续消费和生产做出更多的贡献。①

2. 2006 年 3 月 23—24 日，由国家环境保护总局环境发展中心和国际绿色采购网络（IGPN）联合主办的《国际绿色采购网络（IGPN）中国会议》在中国苏州市举行。

国家环境保护总局相关领导、北京奥组委、科研机构、社会团体、企业代表，以及来自 IGPN 理事会、日本环境省、韩国环境部、韩国绿色采购机构、香港环保促进会及国内外企业代表共计 100 多人出席会议。

近些年，环境污染问题备受关注，可持续经济和社会的发展已经成为国际上的热门话题。可持续消费是可持续发展的一个重要方面，为了鼓励可持续消费，不仅需要引导和鼓励企业开发产品质量和环境性能双优的环境友好产品，最大程度地降低产品生产、使用、废弃处理等整个

---

① 资料来源：国家环保总局信息中心。

生命周期过程的环境影响，还需要政府部门，非政府组织、企业和民间团体等社会各方都以一种环境友好的态度从事消费活动，通过绿色采购，实现可持续消费，从而刺激和引导可持续生产的发展。

为积极响应国务院关于建设环境友好型社会和资源节约型社会的号召，促进我国的可持续生产和可持续消费，国家环境保护总局环境发展中心正在积极筹建中国绿色采购网络（CGPN），旨在为中国政府、团体、企业和消费者等的绿色采购提供产品支持、技术支持和信息支持，并与IGPN建立了长期友好的合作关系，积极开展绿色采购的国际合作。

本次会议由国家环境保护总局环境发展中心和国际绿色采购网络（IGPN）联合主办，国际绿色采购网络（IGPN）成立于2005年4月25日，主要负责收集和传递全球绿色采购活动的信息以及为开发环境友好产品提供采购指南、产品信息等。参会代表围绕绿色采购的概念和意义、国外政府绿色采购法律介绍及其实例分析、国际绿色采购的发展现状与未来方向、环境标志在政府绿色采购中的重要作用、国内外企业实施绿色采购工作的案例分析等大会主题，进行了精彩的发言与热烈的讨论。[①]

3. 2008年6月10—12日，由中华人民共和国环境保护部、财政部、联合国环境规划署、欧盟委员会联合主办的"可持续消费国际研讨会"在北京隆重举行。

来自国务院相关部委、地方环保部门、中央及地方采购中心、北京奥组委、行业协会、科研院所、环境标志获证企业以及来自德国、英国、法国、瑞士、日本、韩国、菲律宾等国家的环保机构、国际绿色采购网络组织等300余人参加了此次盛会。

本次研讨会以"环境标志发展与绿色采购"为主题，从世界可持续消费现状和中国可持续消费构筑，到可持续消费与环境保护的关系，从各国绿色采购的经验、环境标志的发展和国际互认，到环境标志和可持续消费等内容进行了全面的研讨，此次大会为国内外的政府官员、专家学者、NGO的代表以及企业管理者提供了一个全新的思想碰撞与经验交流的舞台；是我国迄今为止举办的可持续消费方面最重要的一次会议，也是中国政府各相关部门落实科学发展观，建设生态文明、构建节约能源资源，保护生态环境的消费模式的重要行动。

为进一步深入探讨如何推进中国可持续消费进程，本届大会期间还

---

① 资料来源：国家环保总局信息中心。

同时举办了"政府绿色采购专家研讨会"、"生态标志专家研讨会"、"政府采购与环境保护政策研讨会"、"绿色采购与绿色供应链的国际途径"四个分会，并针对可持续消费的热点话题展开了热烈讨论。中外专家学者畅所欲言，通过广泛交流国际经验，全面推进我国可持续消费和环境友好型社会的建设。

当前，可持续消费正在世界范围内兴起并迅速发展和普及。2002年，在约翰内斯堡召开的世界可持续发展峰会做出的主要承诺中，最重要的就是改变世界不可持续的消费和生产方式。在峰会之后，联合国环境规划署（UNEP）和联合国经济与社会事务部发起了马拉喀什进程，具体实施约翰内斯堡计划中要求的可持续生产与消费十年发展进程的框架。至目前为止，马拉喀什进程已经在全球范围内举行了多次磋商，以确定各区域在可持续生产和消费方面的需求和优先发展领域。

中国政府高度重视可持续发展，2005年国务院《关于落实科学发展观加强环境保护的决定》提出："在消费环节，要大力倡导环境友好的消费方式，实行环境标识、环境认证和政府绿色采购制度"，2007年党的"十七大"明确提出中国建设小康社会的奋斗目标，其中之一是建设生态文明，形成新的消费模式。在我国，促进节能减排，构建资源节约型和环境友好型社会已经成为当前环保工作的重要任务。而构建环境友好型社会的基本任务是建立可持续生产和可持续消费模式。

本次会议邀请了联合国环境规划署、欧盟、德国、日本、韩国等国际组织和国家的代表，分别介绍了国际可持续生产与消费的状况，以及相关国家环境标志发展与政府绿色采购的实施情况。环境保护部和财政部介绍了中国环境保护政策、政府采购法律建设和政府绿色采购工作。本次大会的召开，使得我国能够获得先进国家开展可持续消费的经验，并交流和探讨我们的经验和做法。国际经验表明，政府绿色采购由于具有集中式消费规模大和政府示范作用明显等特点，能够引领和推动本国可持续消费和绿色市场的形成，是建立可持续消费模式的重要突破口；而环境标志作为具有高度权威和可信度的第三方签署证明，能够充当供应商和消费者之间有关市场产品环境信息交流的可靠工具，能够增强和提高消费者的环境意识，可以作为推进可持续消费的重要手段。

在可持续消费领域，中国从2006开始实施政府绿色采购，截至目前，财政部和环境保护部已经发布了两批政府绿色采购清单，共有14个种类的444家企业进入了政府绿色采购清单；而我国环境标志认证工作作为我国政府绿色采购的重要技术支撑，经过 15 年的辛勤耕耘，目前已建立了相对完善的标准体系、认证体系、质量保证体系等，已经有 65 个认证产品种类，1500 多家企业的 30000 多个型号的产品通过环境标志认证，形成 1000 多亿元的产值。中国环境标志目前已与德国、北欧、日本、韩国、澳大利亚、新西兰、泰国等国家签订了合作互助协议。环境保护部一直把推广环境标志作为推动可持续消费的主要措施之一。我国环境标志有效地推进和引导了我国绿色产品的形成和发展、改善了企业的环境行为，对发展我国绿色经济、引导公众、团体消费可持续消费和建设环境友好型社会都起到了很好地推动作用。通过此次会议必将进一步推动环境标志工作的发展、推动生产企业搞好自身环境保护，生产更多更好的绿色产品，推广政府和广大群众进一步购买、使用符合环境标准等的绿色产品，最终逐步形成中国自己的绿色消费体系。①

4. 2009 年 7 月 16 日，由环保部宣教中心与日本地球环境战略研究机构（IGES）联合主办、北京师范大学环境教育中心承办的中日韩可持续消费教育区域研讨会在北京召开。

环保部国际司副司长宋小智、环保部环境发展中心主任唐丁丁、北京师范大学教育学部部长周作宇、联合国环境规划署北京首席代表张世纲等领导和嘉宾出席会议并致辞。来自中日韩三国，包括日本政府内阁有关机构、环境省和研究及教育机构的代表以及韩国相关机构的 40 余位代表代表出席了此次会议。会议期间，中日韩三方代表以及联合国环境署、联合国教科文组织、联合国经济与社会委员会等相关专家和政策制定者分别就可持续消费的教育及国家政策和实施情况进行了研讨和交流，会议推动了中日韩三国在可持续消费领域的交流与合作。②

5. 联合国明年启动可持续消费进程，达成十年行动框架。

2009 年夏季达沃斯于 9 月 10 日—12 日在大连召开，论坛主题为：重振增长。9 月 12 日下午 15：30—16：30，举行平行会议，本场会议主题是：构建可持续发展价值链。

（Kuhndt，联合国可持续消费和生产研究署成员）在会上谈道：我看到可持续消费已经在政策框架中了，我们围绕着气候变化对行业政策，比如说铝业、钢铁、原材料等行业已经经过了很多的讨论，也就是

① 来源：国家环保总局信息中心。
② 同上。

说气候变化给我们带来什么样的影响。另外，我们也在看硬币的另一面，因为我们看到在制造产品的过程中是更高效的，这样我们卖掉的产品也更多，所以这是另外的一个挑战。所以，我们来看一下，如果我们要按西方的方式来生活，我们要有三到四个地球才能满足所有人的需求。所以谈到可持续价值链的过程中有很多的事情要做，我首先要从生产的角度来谈。我觉得现在我们已经在看很多产品的热点，就是我们必须要关注的这些点，比如说你的产品的碳排放比较高的话，我们就要注意，要注意科研报告，我们要注意消除这些热点。什么是可持续的产品，什么是不可持续的产品呢？对我来说，一个可持续的办法如果可以消除大部分的社会和环保方面的热点，根据我的估计，我们在世界上生产和交付的10%的产品已经成功地消除了这些热点。所以，我们看到在世界可持续发展工商理事会上，我们已经进行了很多这方面的讨论。明年联合国会启动可持续消费的进程，来达成十年的行动框架并设定行动的术语，解决不可持续的产品的问题。但是我们在多长时间之内还能继续消费不可持续的产品？因为我们看到全世界的需求是在上升的，同时我们也要看看消费这方面。对可持续发展，可持续性有各种各样的概念和说法，到超市中五秒钟就知道什么是可持续，什么是不可持续的，这是很难判断的。所以在品牌和零售环节中也要做到很持续。对消费者来说，让他们来搞清楚还很难。因为消费者不理解可持续性，所以有时候他们也不愿意采纳这方面的行动。而且他们需要的是安全的、健康的、高质量的产品。所以说，对于我们的产品在可持续中要把更多的情感放在里面，而不仅仅是从技术的层面谈可持续性。除了技术方面我们还要把情感的层次融入进来，这样让消费者觉得愿意投入自己的时间和金钱来购买可持续发展的产品。从政府、学校和教育机构的角度我们要做很多的工作来解释什么叫可持续发展的方式。如果是以可持续的方式来度过一天，你应该怎么过？我们应该吃什么样的食物、穿什么样的衣服，使用什么样的交通工具？大家听到这个问题的时候会有很多的问号。对消费者来说，他们要解答有关于可持续方面的疑问。①

（二）社会的参与

中国环境 NGO 的活动有许多是为了推动可持续消费而开展的。下

---

① 和讯消息。

面是一些典型的例子：

1. "绿色选择"网站。

2006 年，由北京地球村、自然之友和中国环境与可持续发展资料研究中心联合创建了"绿色选择"网站（www. greenchoice. cn），这是中国首家提供可持续生活方式相关信息和建议的中英文双语网站。

"绿色选择"网直接面向公众，传播绿色消费理念和提高公共环境意识。共有"资源""废物""能源和交通""食品农业和健康"4 个部分，累计近百页的内容，几乎涵盖了环境领域内公众关心的所有问题。网站介绍了大量关于中国目前的环境保护状况、数据和图片信息，以及许多在日常生活中简单易行的小建议，同时提供相关的科研信息，用以帮助更多的人体验绿色的生活方式，减少对环境的影响。在启动仪式现场，来自不同国家的志愿者与市民进行了互动问答活动，并向大家发放布袋子，呼吁人们在购物的时候自备购物袋，以减少塑料袋的使用。

近年来，自然资源消耗的增长，严重危害了环境的健康发展。虽然我国政府已经意识到正面临的环境挑战，并开始解决相关问题，但中国的普通百姓环境意识淡漠，仍然对环境问题知之甚少。一些人虽然已经意识到自己的义务和责任，也想为环保尽力，却不知道从何做起。绿色选择网正是中国公众了解环境知识，进行环保实践的窗口，它让更多的中国百姓认识到我国面临的严重环境问题，并鼓励他们采取与环境友好和谐的生活方式，运用一些力所能及的方法在生活中保护环境，减少空气和水的污染，使人们得到更健康的生活环境。

据网站负责人介绍，网站是由三家 NGO 组织共同努力的结果。他们共同组织了一个由多名国内外志愿者组成的项目小组，经过一年的调查、翻译和网站开发，完成了这个提倡绿色消费的综合网站。

2. 绿色选择倡议书

面对大量企业长期没有改进的超标排污行为，21 个环保组织发出了自己的声音：建议广大消费者在购买商品时，考虑企业的环保表现，不购买污染企业的产品。用国家环保局牟广丰司长的话说，就是"查出身，看成分"。2007 年 3 月 21 日，这个倡议的发起者之一、公众与环境研究中心主任马军介绍了绿色选择倡议的背景，也提到了一些排污超标企业的产品名称。

3. 联合发起抵制过度包装月饼消费行动

为响应中央政府向全社会发出的节能减排号召，倡导全民共同参与绿色生活方式，2007 年在距中国传统中秋节日一个月之际，由中国环境保护志愿者协会（CEPVA）发起呼吁，并联合了"中国环保志愿者联盟"中的 40 多家环保 NGO 一起，共同向所有环保志愿者会员发起了联合抵制过度包装月饼的消费行动，号召全体环保志愿者从我做起，积极参与身边的绿色节能活动，尽量不消费超豪华过度包装的月饼。据发起此次行动的中华环保联合会会员、中国环境保护志愿者协会秘书长姚建华先生介绍：近年来，厂商抓住了国民过节礼尚往来和爱面子等消费心理，纷纷推出各种超豪华包装月饼，市场上甚至出现了所谓的天价月饼。这些过度包装除了满足一点消费者的虚荣心理外，几乎都成了一次性的浪费品，造成了资源的极大浪费和对环境的负担！因此，我们希望通过自己的努力，引导全社会民众的共同绿色生活方式，大家一起来拒绝类似的环境不良消费行为，最终带动月饼生产厂商的整体行业节能。

4. 保护国际获 2007 年气候变化宣传大奖

保护国际 2007 年暑期在北京中山音乐堂举办的系列音乐会，吸引了超过 8 万名音乐爱好者。这个系列音乐会因针对气候变化的宣传以及其新颖性而获得国际大奖。

"2007 留住美好自然，打开音乐之门"系列音乐会是在中国举办的第一个零碳演出活动。活动期间举办 60 场音乐会所排放的 126 吨二氧化碳，已在中国西南山地生物多样性热点地区种植了 1132 棵香樟树来进行抵减。此外，保护国际的长期合作伙伴 3M 公司无偿提供的一种高科技隔热膜被贴附在音乐堂朝南的玻璃幕墙上，帮助音乐堂在整个夏季减少空调的使用，实现了 7.8 吨二氧化碳的减排量。观众在系列音乐会期间了解到有关气候变化的知识，学习如何使用碳计算器，并有数千人做出了减少碳足迹、实践低碳生活方式的承诺。音乐堂内布置了美国国家地理学会协办的精彩自然影像展，美国国家公共广播电台提供的自然声音高保真录音在"自然电影院"内播放，公众可以免费欣赏到来自于世界各地的自然影像和声音。

5. 灾区重建如何建设低碳民居

2008 年"5·12"汶川地震后，北京地球村环境教育中心主任廖晓义和她的团队进入四川，把"敬天惜物、乐道尚和"这一理念融入到了大坪村的重建中。大坪村的建筑形式，采用独特的土木结构，一层、一层半或两层，简单、实用。设计这些民居的是西安建筑科技大学的刘加平教授。刘加平说，建筑产生二氧化碳的过程主要有三个，一是建筑的建设过程，二是建筑的运行过程，三是建筑的拆卸处理过程。这里的石材采用当地随处可见的石灰岩，在景观中引入当地最常见的本土树种：核桃树、桃树、竹子及山草野花等，再引入一些本土的花卉，丰富植被物种。院落内的装饰元素利用村民常见的饮水槽、石水池、石磨、木楼梯、竹篓、背篓及卵石等。同时，当地因盛产竹木，也被居民广泛用于墙面围护，建筑被竹木围合，与周边群山氛围和谐统一。大坪村的方案看起来很简单，就是用当地的一堆木材盖了一个房子。但是他们在材料的使用上，尽可能降低对能源的使用，当然碳排放就减少了。生态民居、低碳乡村还要有绿色的生活方式。如引入旱厕、沼气池、节能灶、垃圾分类系统、污水处理系统等。比如厕所改成独立的卫生间，庭院适当扩大，鼓励生态养殖，既改善了当地祖祖辈辈简陋的卫生习惯，也加大了人群与养殖群的居住距离，提高了卫生标准。旱厕的推行，也方便了沼气池的建设。沼气池又可以为照明、用热等提供方便。这样一个链条的建设，正是基于廖晓义脑中"低碳"的理念。①

（三）地方政府领导的机构在推进可持续消费方面的创造性工作

1. 家庭绿色消费档案

迁安市妇联立足家庭领域，发挥职能作用，采取四项有效措施，率先在妇女群众中倡行家庭绿色消费理念，大力推广家庭绿色消费模式，探索性地创建家庭绿色消费档案，示范引领家庭成员积极投身科学发展实践，努力以家庭的绿色消费促进社会的生态发展。②

2. 武汉市万户家庭年内建绿色消费档案，用水用电节能情况一目了然

2009年武汉市妇联将在1万户家庭中引进绿色消费档案。首批家庭绿色消费档案，将包括家庭购买使用节能环保产品、每月能源支出情况、废旧物品回收及循环利用情况、绿色生活方式记录等内容。③

（四）一些居民的自发分散活动

1. 我国已有为数不少的为了环境原因而改为素食主义者群体。

这主要在城市知识圈。有一些网站，第一，介绍环保知识，特别是

---

① 郑金武：《科学时报》2009年9月7日。
② 引自《迁安妇联推广家庭绿色消费模式出四招》，《华网在线》2009年8月18日。
③ 引自《武汉晚报》2009年3月31日。

气候变化问题的态势。第二，系统介绍素食与环境保护的关系、与气候变化的关系、与人的身心健康的关系。第三，介绍素食店的分布发展情况。

2. 可以观察到不少居民自发的按照可持续消费模式生活的努力——一位观察者对城市居民"低碳生活"的发现。

记者在北京、山西、吉林、福建等省市以城市居民为对象，对他们的现有生活方式和消费模式、实现低碳生活的困惑以及政府在城市居民实现低碳生活过程中应当发挥什么样的作用等进行了专题调研。改变不良消费嗜好，生活注重"低碳"细节是城市居民日常生活低碳排放的主要来源之一。据测算，1999 年到 2002 年间，城镇居民生活用能已占到每年全国能源消费量的大约 26%，二氧化碳排放的 30% 是由居民生活行为及满足这些行为的需求造成的。

越来越多的城市居民从日常生活和消费细节做起，为减少碳排放贡献了自己的力量。随手关灯、步行上班、减少电梯使用、购买小排量汽车、使用环保购物袋等行为正成为众多城市居民的自觉行动。要在城市居民中全面实现低碳生活，还面临着粗放的生活方式、不良消费嗜好两大"拦路虎"。在日常消费过程中，众多市民还存在"过度消费"、"面子消费"等不良消费嗜好。现在不少城市都在建"地标"类的建筑大多是高耗能、高排放的非节能建筑。①

参考文献

[1] 陈晖涛：《消费主义的困境与我国可持续消费模式的建构》，《长春工业大学学报》（社会科学版），第 18 卷第 4 期 2006 年 12 月。

[2] 苟志效、陈创生：《从符号的观点看——一种关于社会文化现象的符号学阐释》，广东人民出版社 2003 年版。

[3] 卢风：《生态文明与绿色消费》，《深圳大学学报》（人文社会科学版），2008 年 9 月。

[4] ［日］堤清二：《消费社会批判》，朱绍文等译，经济科学出版社 1998 年版。

[5] 郑红娥：《发展主义与消费主义：发展中国家社会发展的困厄与出路》，《华中科学技术大学学报》（社会科学版）2005 年第 4 期。

---

① 选摘自殷耀等：《经济参考报》2009 年 9 月 8 日。

区域间能耗责任与可持续能源消费

张友国

【内容摘要】 省际能耗责任核算对科学制定和实施跨区域的能源政策具有重大意义。本文基于多区域投入产出模型建立了各种利益原则下的区域能耗责任核算框架，并将之用于分析中国的省际能源效率和能耗责任。结果表明，不同省份同一产业的能源效率差异显著。各省在不同原则下的能源效率和能耗责任也都具有显著差异。不过，不管采用哪种原则，传统能源密集型产业比重较大的省份（如宁夏、贵州、青海、山西和内蒙古）总是具有较低的能源效率，而一些沿海省市（如浙江、北京、广东、上海、江苏等）的能源效率总是较高。同时，经济规模较大的省份（如广东、江苏、山东）总是具有较大的能耗责任，而经济规模较小的省份（如海南、宁夏、青海）总是具有较小的能耗责任。因此，政府部门在核定区域能耗责任时应谨慎选择分配原则，并保证各地区的节能任务应与其能耗责任相匹配。进一步，可考虑采用差别能源税以激励各地区更好地发挥各自的比较优势，以减少重复建设并改善全国整体能源效率。

【关键词】 省际能耗责任 利益原则 多区域投入产出模型

【中图分类号】 F206 ［文献标识码］A ［文章编号］

一 问题提出

区域能耗责任核算是公平、合理地制定各种跨区域能源政策（如节能政策）的重要基础，也是协调区域发展推进能源可持续消费的重要手段。所谓能耗责任是指相互之间具有紧密联系的各经济主体应为其所构成的经济系统的能耗承担的相应责任。我国各个地区就是相互具有广泛而紧密经济关联性的经济主体。区域间的经济关联性不仅对各区域的经济发展产生了深远的影响，同时也会对各区域的资源消耗、污染排放产生巨大影响。显然，区域能耗责任核算应当考虑这种由区域间经济关联性所带来的跨区域能耗影响。

同时，区域间能耗责任核算还需要采用公平、合理的分配原则。许多学者和政策制定者认为，恰当的资源消耗或污染排放责任分配原则应是各经济主体根据其所获得的经济利益及相关的资源、环境影响承担相应的责任，我们不妨称之为"利益原则"。从现有文献来看，基本的利益原则有三种：生产责任原则、收入责任原则和消费责任原则。生产原则又称领土原则（Eder 和 Narodoslawsky，1999），是指经济主体应根据其生产过程中直接消耗的资源或排放的污染承担责任。收入原则强调经济主体要根据其在生产活动中获得的收益及由此"激活"的下游资源、环境影响承担责任（Lenzen 和 Murray，2010；Marques et al.，2012）。消费原则意味着经济主体应根据其消费（或提供的最终消费品）及由此产生的上游资源、环境影响承担责任（Munksgaard 和 Pedersen，2001）。我们不妨将上述利益原则对应的资源消耗或污染排放责任分别称为生产责任、收入责任和消费责任。

除了基本的利益原则外，近年来还有一类利益原则引起了人们的广泛关注，那就是共担责任（shared responsibility）原则。这类原则可以看成上述三种基本原则的组合和拓展。目前已经被正式提出的共担责任原则有四种：收入加权责任原则、消费加权责任原则、综合利益责任原则及加权综合利益责任原则（Zhang，2013）。类似的，我们不妨将这四种原则对应的环境责任分别称为收入加权责任、消费加权责任、综合责任和加权综合责任。收入加权原则和消费加权责任原则由 Gallego 和 Lenzen（2005）提出并由 Lenzen et al.（2007）和 Lenzen（2008）发展而来。前者要求经济主体（收入获得者）及其产品或服务的购买者共同承担其下游资源、环境责任；后者主张经济主体（消费者或最终消费品提供者）及其上游供货方共同承担其上游资源、环境责任。Rodrigues et al.（2006）提出将经济主体收入责任和消费责任的平均值作为其环境责任，这就是综合利益原则。类似的，如果经济主体承担的环境责任是其收入加权责任和消费加权责任的平均值，则我们称此分配原则为加权综合利益原则。

有不少学者主张将收入责任原则（Lenzen 和 Murray，2010；Marques et al.，2012）和消费责任原则（Munksgaard 和 Pedersen，2001）引入资源消耗或污染排放责任核算框架，以弥补基于生产责任原则的传统核算体系的不足。特别是消费责任原则已被广泛应用于分析贸易引起的区域间隐含能或隐含碳转移问题（如 Andrew et al.，2007）。在一些学者（Ferng，2003；Bastianoni et al.，2004；Gallego 和 Lenzen，2005；Rodrigues et al.，2006；Lenzen et al.，2007）的努力下，共担责任原则也被成功地引入资源消耗或污染排放责任核算框架。张友国（2012）还从产业层面对各种责任分配原则及核算框架进行了比较。不过，目前还没有文献将共担责任原则引入区域间资源消耗或污染排放责任核算框架。

本文的贡献就在为采用多区域投入产出模型提出了各种共担责任原则下的区域能耗责任核算框架，并将之用于分析中国的省际能耗责任。本文第二部分描述了各种原则下跨区域的能耗责任核算框架；第三部分实证分析了各种原则下中国产业能源效率和省际能源效率与能耗责任；第四部分为本文的结论。

二　区域能耗责任核算框架

区域能耗责任核算框架的核心就是要准确刻画跨区域的能耗影响，这可以通过两种方法来实现（Peters，2008）：一是基于单区域投入产出模型的双边贸易含污量（emissions embodied in bilateral trade，EEBT）方法，另一种是多区域投入产出模型。由于只有多区域投入产出模型能够刻画区域间的资源和环境溢出反馈效应（spillover and feedback effects），因此我们将基于这种模型来讨论跨区域的能耗责任核算问题。先将本文使用的基本变量定义如下：

x^r 是区域 r 的产出向量，其元素 x_j^r 是区域 r 中部门 j 的总产出；X^r 是区域 r 的总产出合计值；y^{rs} 为最终需求向量，其元素 y_i^{rs} 表示区域 s 的最终需求中来自区域 r 的第 i 类产品或服务的价值；Z^{rs} 是区域 s 中间使用的来自区域 r 的产品流量矩阵，其元素 Z_{ij}^{rs} 表示区域 r 向区域 s 的部门 j 提供的中间投入品 i 的价值量；q^r 是区域 r 的能耗向量，其元素 q_i^r 为区

域 r 部门 i 的直接能耗；Q^r 是区域 r 的能耗总量；Q_{tot} 是全国能耗总量；v^r 是区域 r 的增加值向量，其元素 v_j^r 是区域 r 中部门 j 的增加值；η^r 是区域 r 的增加值结构向量，其元素为 $\eta_i^r = v_i^r / (\sum_j v_j^r)$ 表示区域 r 中部门 i 的增加值在区域 r 总增加值中所占的份额；η'' 是区域 r 调整后的增加值结构向量，其元素为 $\eta'^r_i = v'^r_i / (\sum_j v'^r_j)$；$\omega^{sr}$ 是区域 r 的最终消费结构向量，其元素为 $\omega_i^{sr} = y_i^{sr} / (\sum_m \sum_j y_j^{mr})$ 表示区域 r 的最终消费中来自区域 s 的部门 i 的产品在区域 r 最终消费值中所占的份额；ω'^{sr} 是区域 r 的最终消费结构向量，其元素为 $\omega'^{sr}_i = y'^{sr}_i / (\sum_m \sum_j y'^{mr}_j)$ 表示区域 r 的最终消费中来自区域 s 的部门 i 的产品在区域 r 最终消费值中所占的份额；μ^r 是区域 r 的最终产品分配系数向量，其元素 $\mu_i^r = y_i^{sr} / y_i^s$ 表示区域 r 所消费的由区域 s 提供的最终产品 i 在所有由区域 s 提供的最终产品 i 中所占的份额；A^{rs} 是区域 r 向区域 s 提供的中间投入系数矩阵，其元素为 $A_{ij}^{rs} = Z_{ij}^{rs} / x_j^s$；$B^{rs}$ 是区域 r 向区域 s 提供的中间产出分配系数矩阵，其元素为 $B_{ij}^{rs} = Z_{ij}^{rs} / x_i^r$；$f^r$ 是区域 r 的部门直接能源强度（$f_i^r = q_i^r / x_i^r$）构成的向量；σ' 是 n×k 阶向量，其所有元素都等于 1；β^{rs} 是下游分配参数向量，其元素 β_i^{rs} 表示与中间投入 Z_{ji}^{sr} 相关且分配给区域 r 的部门 i 的责任份额；α^{rs} 是上游分配参数向量，其元素 α_i^{rs} 表示与中间产出 Z_{ij}^{rs} 相关且分配给区域 s 的部门 j 的责任份额。

表 1　　　　　　　多区域能源投入产出简表

		中间使用			最终使用			总产出
		区域 1	…	区域 k	区域 1	…	区域 k	
中间投入	区域 1 ⋮ 区域 k	$A^{11}x^1$	…	$A^{1k}x^k$	y^{11}	…	y^{1k}	x^1
		⋮	⋱	⋮	⋮	⋮	⋮	⋮
		$A^{k1}x^1$	…	$A^{k1}x^k$	y^{k1}	…	y^{kk}	x^k
增加值		$(v^1)^T$	…	$(v^k)^T$				
总投入		$(x^1)^T$	…	$(x^k)^T$				
能源消费		$(q^1)^T$	…	$(q^k)^T$				

表 2　　　各类分配原则下跨区域的产业能耗责任和能耗乘数指标

分配原则	经济利益	能耗责任	能耗乘数
生产责任	x_i^r	q_i^r	$f_i^r = q_i^r / x_i^r$
收入责任	v_i^r	$\hat{q}_i^r = d_i^r v_i^r$	$d_i^r = \sum_s \sum_j G_{ij}^{rs} f_j^s$

分配原则	经济利益	能耗责任	能耗乘数
消费责任	y_i^r	$\check{q}_i^r = u_i^r y_i^r$	$u_i^r = \sum_s \sum_j f_j^s L_{ji}^{sr}$
收入加权责任	$v'^r_i = v_i^r + (1-\beta_i^r)(x_i^r - v_i^r)$	$\hat{q}'^r_i = v'^r_i d'^r_i$	$d'^r_i = \sum_s \sum_j G'^{rs}_{ij} f_j^s$
消费加权责任	$y'^r_i = y_i^r + (1-\alpha_i^r)(x_i^r - y_i^r)$	$\check{q}'^r_i = y'^r_i u'^s_i$	$u'^r_i = \sum_s \sum_j f_j^s L'^{sr}_{ji}$
综合责任	$b_i^r = (v_i^r + y^r)/2$	$\hat{q}_i = (\hat{q}_i^r + \check{q}_i^r)/2$	$c_i^r = q_i^{\sim r}/b_i^r$
加权综合责任	$b'^r_i = (v'^r + y'^r)/2$	$\hat{q}'^r_i = (\hat{q}'^r_i + \check{q}'^r_i)/2$	$c'^r_i = q^{\sim}{}'^r_i/b'^r_i$

表 3　　　　　**各类分配原则下区域 r 的能耗责任和能耗乘数**

分配原则	经济利益	能耗责任	能耗乘数
生产责任	$X^r = \sum_i x_i^r$	$Q^r = \sum_i q_i^r$	$F^r = Q^r/X^r$
收入责任	$V^r = \sum_i v_i^r$	$\hat{Q}^r = D^r V$	$D^r = \sum_i \left(\sum_s \sum_j G_{ij}^{rs} f_j^s\right) \eta_i^r$
消费责任	$Y^r = \sum_s \sum_i y_i^{sr}$	$\check{Q}^r = U^r Y$	$U^r = \sum_s \sum_i \left(\sum_m \sum_j f_j^m L_{ji}^{ms}\right) \omega_i^{sr}$
收入加权责任	$V'^r = \sum_i \left(v_i^r + (1-\beta_i^r)(x_i^r - v_i^r)\right)$	$\hat{Q}'^r = D'^r V'^r$	$D'^r = \sum_i \left(\sum_s \sum_j G'^{rs}_{ij} f_j^s\right) \eta'^r_i$
消费加权责任	$Y'^r = \sum_s \sum_i \left(y_i^s + (1-\alpha_i^s)(x_i^s - y_i^s)\right) \mu_i^s$	$\check{Q}'^r = U'^r Y'^r$	$U'^r = \sum_s \sum_i \left(\sum_m \sum_j f_j^m L'^{ms}_{ji}\right) \omega_i^{sr}$
综合责任	$\Phi^r = (V^r + Y^r)/2$	$\hat{Q}^r = (\hat{Q}^r + \check{Q}^r)/2$	$C^r = Q^{\sim r}/\Phi^r$
加权综合责任	$\Phi'^r = (V'^r + Y'^r)/2$	$Q'^{\sim r} = (\hat{Q}'^r + \check{Q}'^r)/2$	$C'^r = Q^{\sim}{}''^r/\Phi'^r$

表 1 是多区域能源投入产出简表。为了叙述的方便，我们不妨假定一个封闭的经济体系可划分为 k 个区域，每个区域的经济系统都是由 n 个行业构成的。从供给的角度即横向看，一个地区的总产出可分为中间使用和最终使用两大部分。其中，中间使用可分为本地区使用和国内其他地区使用两部分；最终使用可分为两大部分，即本地区使用和其他地区使用。从消费的角度即纵向来看，一个地区的总投入包括三个部分：来自本地区的中间投入、来自其他地区的中间投入以及增加值（初始投入）。同时我们把资源消费或污染排放作为一种外生的投入。各地区的最终消费则包括两部分：本地区和国内其他地区生产的产品。表 2 归纳了各类分配原则下跨区域的产业能耗责任和能耗乘数指标，表 3 归纳了各类分配原则下区域的能耗责任和能耗乘数指标（关于表 2 和表 3 中各指标的构建方法见附录 A）。

三 实证分析

在实证分析中，我们将各个区域从经济体系外进口的中间投入品都计入其增加值，同时将各区域最终消费中的进口品剔除。同时，我们把各区域向经济体系外出口的产品都作为该区域的经济主体消费的产品，也就是说作为该区域的消费利益处理。

1. 数据来源和处理

实证分析所采用的中国 2007 年 30 省区市区域间投入产出表是由中国科学院地理科学与资源研究所及国家统计局核算司合作编制的①，该表包括 30 个部门。为了与分部门的能源数据相匹配，本文将 30 个部门合并成 27 个部门。要说明的是，我们把表中的"其他"项即误差项作为一种特殊的最终使用处理，从而计算出其隐含能。

各区域分部门的能耗数据来源及处理方法如下。根据我国的统计惯例，分行业的能源消费总量是指各行业终端消费量与各行业分摊的损失量和加工转换损失量之和，而不是各行业分品种能源消费量之和。我们不妨把前者称为能源消费总量 I，后者称为能源消费总量 II。为了统一统计口径，本研究采用能源消费总量 I 展开研究。

大部分省市的工业分行业的能源消费数据来自各省市 2008 年统计年鉴。河北、湖南和新疆工业分行业的能源消费数据来自《河北省统计年鉴 2009》《湖南省统计年鉴 2009》《新疆维吾尔自治区统计年鉴 2009》上海工业分行业的能源消费数据来自《上海交通能源统计年鉴》农业及第三产业的能源消费数据来自各省统计年鉴公布的《综合能源平衡表》。其中，交通运输、仓储及邮政业的能源消费量按交通运输和仓储业与邮政业的产出比例分配给这两个行业，而邮政业划入其他服务行业。

不过，不少省份只有各行业分品种的能源消费量，而没有给出上面所定义的能源消费总量 I。这些省份包括辽宁、吉林、黑龙江、安徽、福建、江西、湖北、湖南、重庆、陕西、宁夏。为了得到这些省份各行业的能源消费总量 I，我们先根据全国分行业的能源消费总量 I 和能源消费量 II，得到两种分行业能源消费总量统计值的比值，然后采用这些比

① 关于中国区域间投入产出表的编制方法和过程，参见刘卫东等（2012）。

值以及各省分行业的能源消费总量 II，并结合这些省份的《综合能源平衡表》进行调整，得到它们的能源消费总量 I。

此外，天津市、上海市分行业的终端能耗总量数据，不包括能源转换损失量及运输和输配量，我们根据两市的《综合能源平衡表》进行调整，将这些损失量分摊到各个行业。江苏、浙江、四川工业分行业的能源消费没有直接统计数据，只能根据相似省份按比例拆分。海南省 2007 年工业分行业能耗数据根据《海南省统计年鉴 2011》公布的该省 2010 年的相关数据按比例拆分。

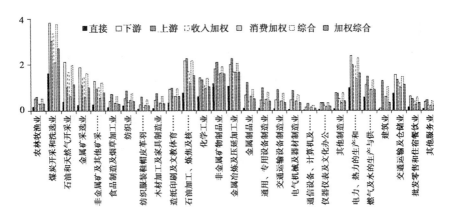

图1　不同原则下各产业的平均能耗乘数（吨标煤/万元）

2. 产业能源效率

（1）产业间能源效率差异。图 1 显示了不同原则下各产业的平均能耗乘数，即各产业分地区能耗乘数的加权平均值。很明显，各产业基于产业关联的各种能耗乘数把各产业的直接和间接能耗影响都考虑在内，因而它们都要大于各自的直接能耗乘数。同时，各产业的收入加权、消费加权和加权综合能耗乘数都分别小于各自的下游、上游和综合能耗乘数。

直接能耗强度较大的都是传统的高耗能产业，如煤炭开采和洗选业、非金属矿物制品业、金属冶炼及延压加工业、电力、热力的生产和供应业以及石油加工、炼焦及核燃料加工业。直接能耗强度较小的产业既包括技术密集型产业如通信设备、计算机及其他电子设备制造业、电气机械及器材制造业、仪器仪表及文化办公用机械制造业，还包括劳动密集型产业，如建筑业以及纺织服装鞋帽皮革羽绒及其制品业。

下游能耗乘数较大的产业与直接能耗强度较大的产业具有较大的重

合性，它们是煤炭开采和洗选业、电力、热力的生产和供应业以及石油加工、炼焦及核燃料加工业、石油和天然气开采业以及金属冶炼及延压加工业。这主要是因为一个产业的下游能耗乘数是其自身与其下游各产业直接能耗强度的加权平均值，而上述产业的中间产品主要用于直接能耗强度较大的产业，因此这些产业的下游能耗乘数依然较大。典型的如煤炭开采和洗选业的产品有35%左右用于电力、热力的生产和供应业，45%左右用于其自身及非金属矿物制品业、金属冶炼及延压加工业、石油加工、炼焦及核燃料加工业等其他直接能耗强度最大的几个产业，故而其下游能源乘数仍然是最大的。类似的，下游能耗乘数较小的产业与直接能耗强度较小的产业也具有较大的重合性，它们是建筑业、通信设备、计算机及其他电子设备制造业、纺织服装鞋帽皮革羽绒及其制品业、仪器仪表及文化办公用机械制造业以及其他服务业。

上游能耗乘数较大的产业仍然是传统的能源密集型产业，如煤炭开采和洗选业、石油加工、炼焦及核燃料加工业、金属冶炼及延压加工业、非金属矿物制品业以及电力、热力的生产和供应业。这主要是因为一个部门的上游能耗乘数是其自身与其上游各部门直接能耗强度的加权平均值，而上述产业的中间产品主要用于直接能耗强度较大的产业，因此这些产业的上游能耗乘数依然较大。典型的如电力、热力的生产和供应业，其总投入中有35%左右都来自自身提供的产品，此外还有10%左右是其他直接能源强度较大的产业提供的产品，因而其上游能耗乘数仍较大。同样的，上游能耗乘数较小的产业也仍然是技术或劳动密集型产业，如通信设备、计算机及其他电子设备制造业、仪器仪表及文化办公用机械制造业、其他服务业、批发零售和住宿餐饮业以及纺织服装鞋帽皮革羽绒及其制品业。

收入加权能耗乘数较大（小）的产业与下游能耗乘数较大（小）的产业基本一致。这主要是因为收入加权的共担责任分配机制并未实质性地改变各产业的分配结构特征。同样的道理，消费加权能耗乘数较大（小）的产业与上游能耗乘数较大（小）的产业也基本一致。而综合能耗乘数是上游和下游能耗乘数的加权平均值，加权综合能耗乘数是收入加权和消费加权能耗乘数的加权平均值，因而综合和加权综合能耗乘数较大的产业仍然是传统的能源密集型产业，而技术和劳动密集型产业的综合和加权综合能耗乘数也依然较小。

（2）产业层面的能源效率差异。一方面，产业间的能源效率存在显著差异。以产业直接能耗强度为例，其变异系数为 1.1，这意味着产业直接能耗强度的离散程度较大。直接能耗强度的最高值（煤炭开采和洗选业）比最低值（通信设备、计算机及其他电子设备制造业）高出 32 倍。产业间的其他能耗乘数也存在显著的差异，但不如直接能耗强度的差异明显。其中差异性最小的是上游能耗乘数，其变异系数只有 0.6。

另一方面，不仅不同产业具有显著不同的能源效率，不同区域的同一产业也具有显著不同的能源效率。以金属冶炼及压延业的直接能源强度为例，其值在浙江、江苏、重庆、广东等省（市）均低于 0.5 吨标煤/万元，在内蒙古、贵州、宁夏则超过了 2 吨标煤/万元，在黑龙江和青海更是超过了 3 吨标煤/万元。又如非金属矿物制品业的直接能源强度，其值在上海、河南、山东、河北及江苏等地均超过 0.9 吨标煤/万元，在贵州、陕西、新疆、宁夏、云南等省份则达到 3—5 吨标煤/万元。

不过，需要指出的是，不同区域的同一产业的能源效率之所以会显著不同，这固然有地区生产技术的差异，但也可能是各地同一产业的产品不完全一致所造成的。这是因为本文使用的部门分类比较粗，例如金属冶炼及压延业中的金属至少可分成黑色金属和有色金属两大类，这两大类金属还可进一步区分为不同的品种，如有色金属可分为铜、铝、锌、锡等。因此，不同地区的同一产业所指代的实际产品可能有很大的不同，从而表现出明显不同的能源效率。这一问题还值得深入研究。

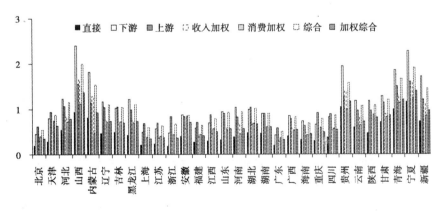

图 2　不同原则下各省（区、市）的能耗乘数（吨标煤/万元）

3. 省际能源效率与能耗责任

（1）省际能源效率。图 2 显示了不同原则下各区域的能耗乘数，它们是各自区域内产业能耗乘数的加权平均值。由于无论按哪种分配原则

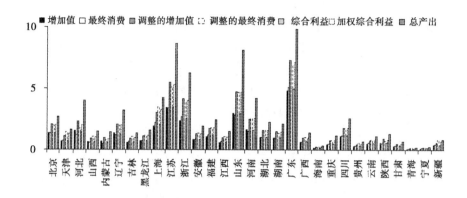

图3 不同原则下各省（区、市）经济利益（万亿元）

核算，传统能源密集型产业的能源乘数总是较大，因此那些产业结构中
能源密集型产业比重较大的省份在任何分配原则下也都具有较大的能源
乘数。那些经济、技术水平相对欠发达的中西部内陆省份，如宁夏、贵
州、青海、山西和内蒙古就是能源密集型产业比重较大的省份。无论是
这些省份的中间投入还是中间产出，能源密集型产品的比重也都较大。
反过来，那些经济、技术水平较发达的沿海省（市），如浙江、北京、
广东、上海、江苏等，它们的产业结构中能源密集型产业比重较小，因
而它们的各类能耗乘数也较小。

总的来看，各区域基于产业关联的各种能耗乘数几乎都大于各自的
直接能耗强度①，各区域的收入加权、消费加权和加权综合能耗乘数都
分别小于各自的下游、上游和综合能耗乘数。进一步，大多数沿海经济
发达省（市）（包括北京、天津、上海、江苏、浙江、福建、广东）以
及个别非沿海省（市）（如江西、重庆、吉林、四川）的各种能耗乘数
中，上游能耗乘数明显大于其他能耗乘数。

（2）经济利益与省际能耗责任。图3和表4分别显示了各种分配原
则下各区域的经济利益和能耗责任。生产责任较大（超过1.5亿吨标
煤）的省份包括山东、河北、江苏、广东以及河南等。这主要是因为这
几个省份重化工业，特别是金属冶炼及压延加工业、非金属矿物制品业
以及电力、热力的生产和供应业的生产规模（总产出）较大。海南、青
海、宁夏、重庆、江西、甘肃以及天津由于生产规模较小，因而其直接

---

① 只有内蒙古和贵州的消费加权能耗乘数小于它们的直接能耗强度。

生产耗能较少（小于 5000 万吨标煤），生产责任也较小。

表4　　　　不同原则下各省（区、市）能耗责任（万吨标煤）

地区	生产责任 Q_i^r	收入责任 $Q^{\wedge r}_i$	消费责任 $Q^{\vee r}_i$	共担责任			
				收入加权 $Q^{\wedge\prime r}_i$	消费加权 $Q^{\vee\prime r}_i$	综合 $Q^{\wedge r}_i$	加权综合 $Q^{\wedge\prime r}_i$
北京	5280	6006	8328	5936	7678	7167	6807
天津	4617	5292	6784	5212	10671	6038	7942
河北	21540	19016	12710	18861	12062	15863	15462
山西	13740	15176	9089	15117	11741	12133	13429
内蒙古	11493	12196	5563	11872	3420	8879	7646
辽宁	14823	15474	12064	15354	13921	13769	14637
吉林	6509	5834	6634	5914	7203	6234	6559
黑龙江	6753	8752	6762	8149	8040	7757	8094
上海	8911	9462	14694	9568	13139	12078	11354
江苏	19694	19283	23080	19264	19912	21181	19588
浙江	11629	11089	21962	11461	16783	16526	14122
安徽	7409	7103	6664	6999	11242	6884	9120
福建	6733	6196	8199	6423	7659	7197	7041
江西	4493	4180	5562	4239	5836	4871	5038
山东	26583	27388	25318	27507	25059	26353	26283
河南	16267	16778	11919	16375	11338	14348	13857
湖北	10704	9883	10312	10175	10691	10097	10433
湖南	9653	8856	8264	8919	7892	8560	8406
广东	19409	20142	28929	20423	23929	24535	22176
广西	5553	5380	4952	5311	5157	5166	5234
海南	984	1121	961	1086	950	1041	1018
重庆	3319	2989	4407	3062	4323	3698	3692
四川	9589	9155	9880	9253	9841	9518	9547
贵州	6723	5682	4226	5987	5329	4954	5658
云南	6492	5817	5180	5903	5129	5498	5516
陕西	5776	7040	5128	6655	6121	6084	6388
甘肃	4603	4013	3732	4175	3986	3872	4080
青海	1856	1543	1494	1706	1783	1519	1744
宁夏	2709	2377	2070	2511	2294	2224	2403
新疆	5924	6544	4901	6349	6640	5722	6494
合计	279767	279767	279767	279767	279767	279767	279767

　　与各地区收入责任相对应的是各地区的前向（下游）能耗影响。江苏和广东的下游和收入调整能耗乘数都较小，但它们的增加值和调整后的增加值总量较大，因而其收入责任和收入加权责任都较大。山东、河北、河南、辽宁的增加值和调整后的增加值总量也较大，加之其下游和收入加权能耗乘数也相对较高，故而这几个省份的收入责任和收入加权责任也较大。山西的增加值和调整后的增加值总量不算大，但其下游和收入加权能耗乘数较高，因而其收入责任和收入加权责任也较大。而青海、宁夏和甘肃于等省（区）由于下游和收入加权乘数都较大，但它们的增加值和调整后的增加值总量都较小，因而收入责任和收入加权责任也较小。海南、重庆和江西的增加值和调整后的增加值总量以及相应的下游和收入加权能耗乘数都较低，因而其收入责任和收入加权责任也都较小。

　　广东、江苏、浙江、上海等省的上游和消费加权能耗乘数都相对较低，但它们的消费和调整后的消费总量都位居全国前列，因而这些省市的消费责任和消费加权责任位居全国前列。山东、河北、辽宁的消费和调整后的消费总量也较大，同时它们的上游和消费加权能耗乘数都高于平均值，因而它们的消费责任和消费加权责任也较大。同样，尽管青海、宁夏、甘肃、贵州等省（区）的上游和消费加权乘数都较大，但它们的消费和调整后的消费总量都较小，因而它们的消费责任和消费加权责任也都较小。而海南的消费和调整后的消费总量以及相应的上游和消费加权能耗乘数都较低，因而其消费责任和消费加权责任也都较小。重庆的上游和消费加权能耗乘数略高于平均水平，但其消费和调整后的消费总量较小，因而消费责任和消费加权责任也都较小。

　　此外，海南、青海、宁夏、重庆、甘肃、江西以及贵州的消费（加权）责任和收入（加权）责任都相对较小，因而它们的（加权）综合责任也较小。山东、广东、江苏、浙江、河北、河南和辽宁的消费责任和收入责任都较大，因而它们的综合责任也较大。

　　（3）各省（区、市）不同核算原则下的能耗责任差异。不同核算原则下，各省份能耗责任的合计值总是等于全国的生产总能耗。这意味着各种跨区域的环境责任分配方法同样能避免能耗影响的重复计算。同时各省（区、市）在不同核算方法下的能耗责任存在显著差异。这些发现与张友国（2012）分析产业间环境责任分配问题时所得到的结论是一致的。下面，我们将比较各省（区、市）在不同核算原则下的能耗责任。

一个地区的各种能耗责任中，唯一不考虑跨区域间接能耗影响的是其生产责任，即对其直接能耗的核算。该地区的其他责任相当于是在对全国各地区的生产责任进行再分配的基础上形成的。虽然各地区考虑了产业关联的能耗乘数一般都要大于其直接能耗强度，但考虑了产业关联的经济利益一般都会小于其总产出，因而一个地区的生产责任可能大于、等于也可能小于该地区的其他责任。其中，河北、湖北、湖南、广西、贵州、云南、甘肃、青海以及宁夏等九个地区的生产责任大于它们所有的其他责任，而北京、天津、上海、黑龙江以及广东等五个地区的生产责任要明显小于它们所有的其他责任。

大部分省份的收入责任与生产责任差异显著，其相对差距①介于±15%之间；收入责任与生产责任的相对差距超出这一范围的还有青海（-17%）、陕西（22%）和黑龙江（30%）三个省份。大部分省份的收入加权责任与生产责任差异也显著，其相对差距介于±13%之间；收入加权责任与生产责任的相对差距超出这一范围的还有陕西（15%）和黑龙江（21%）等三个省份。

消费责任与生产责任之间的相对差距进一步扩大：天津、广东、北京、上海及浙江等几个沿海经济发达省（市）的消费责任比各自的生产责任高47%—89%；山西、贵州、河北和内蒙古等重化工较发达省份的消费责任比各自的生产责任低33%—52%；其余省份的消费责任与生产责任之间的相对差距介于-27%—33%之间。消费加权责任与生产责任之间的相对差距也十分明显：浙江、北京、上海、安徽及天津等省（市）的消费加权比各自的生产责任高44%—131%；河南、河北和内蒙古的消费加权责任比各自的生产责任低30%—70%；其余省份的消费加权责任与生产责任之间的相对差距介于-21%—30%之间。

大部分省份的收入责任与收入加权责任之间的相对差距则较小：后者与前者的差距介于±5%之间；略微超出这一范围的只有黑龙江（-7%）、宁夏（6%）和青海（11%）等三个地区。大部分省份的消费责任与消费加权责任之间的相对差距则较大：福建、北京、上海、江

---

① 我们将收入责任与生产责任的相对差距定义为：（收入责任-生产责任）/生产责任。后文所指各种责任之间的相对差距也类此定义。

苏、广东、浙江等省（市）的消费加权责任比各自的消费责任低 7%—24%，内蒙古的消费加权责任则比其消费责任低 39%；甘肃、吉林、宁夏、辽宁、黑龙江、青海、陕西、贵州和山西等省的消费加权责任比各自的消费责任高 7%—29%，新疆、天津和安徽的消费加权责任比各自的消费责任高 35%—69%；余下只有 11 个省份的消费责任与消费加权责任之间的相对差距介于 ±5% 之间。

综合责任是收入责任和消费责任的平均值，而加权综合责任是收入加权责任和消费加权责任的平均值，因此综合责任与加权综合责任的相对差距总体上大于收入责任与收入加权责任之间的相对差距，但小于消费责任与消费加权责任之间的相对差距：除天津（32%）和安徽（33%）外，其余省（区、市）的综合责任与加权综合责任的相对差距介于 ±15% 之间。

各省（区、市）的收入责任与消费责任之间的相对差距十分明显：河北、山西以及内蒙古的消费责任比各自的收入责任低 33%—55%；河南、山西、贵州、新疆、黑龙江及辽宁的消费责任比各自的收入责任低 20%—30%；浙江和上海的消费责任分别比各自的收入责任高 98% 和 55%；江苏、天津、福建、江西、北京、广东和重庆的消费责任比各自的收入责任高 20%—48%；余下省份的消费责任与收入责任的相对差距介于 −15%—14% 之间。

各省（区、市）的收入加权责任与消费加权责任之间的相对差距也十分明显：山西、河南、河北以及内蒙古的消费加权责任比各自的收入加权责任低 23%—70%；天津和安徽的消费加权责任分别比各自的收入加权责任高 105% 和 61%；福建、吉林、北京、上海、江西、重庆和浙江的消费责任比各自的收入责任高 20%—47%；余下省份的消费责任与收入责任的相对差距介于 −13%—17% 之间。

四　结论

传统的能源密集型产业即直接能耗强度较高的产业之间具有较强的产业关联性（如煤炭开采和洗选业、电力、热力的生产和供应业以及金属冶炼及延压加工业），因而这些产业无论是在生产责任原则下还是在其他能耗责任核算原则下，总是具有较大的能耗乘数即较低的能源效率。而传统的技术密集型产业（如通信设备、计算机及其他电子设备制造业）和劳动密集型产业（如纺织服装鞋帽皮革羽绒及其制品业）在各种核算原则下的能耗乘数都较低，即能源效率相对较高。

同一产业在不同省份的能源效率具有较大的差异性。这意味着可以基于各地的能源效率差异对某一产品实施有差别的能源税，对于那些在该产品中具有较高能效的地区来说，这一政策有助于提高其竞争力，起到跨区域的产业优化作用。当然，这也有赖于打破地方保护壁垒，形成公平竞争的国内市场环境。同时，也可采用信贷、投资、行政审批等手段鼓励在某类产品上具有能效比较优势的地区进一步发挥其优势。

地区的能源效率在很大程度上取决于该地区的产业结构。不管采用哪种能耗责任核算原则，那些传统能源密集型产业比重较大的一些中西部省份（如宁夏、贵州、青海、山西和内蒙古）总是具有较低的能源效率，而能源密集型产业比较小的一些沿海省份（如浙江、北京、广东、上海、江苏等）总是具有较高的能源效率。

地区的能耗责任主要决定于该地区的经济规模，例如无论按哪种方法进行核算，山东、江苏、广东等经济规模较大的省份都是能耗责任较大的省份，而宁夏、青海、海南等经济规模较小的省份则总是能耗责任较小的省份。当然，地区能源效率也对地区能耗责任产生了一定的影响。例如，在不少核算原则下，河北、河南的经济规模不如上海，但这两个省的能源效率低于上海，因而它们的能耗责任都大于上海。

各地区在不同核算原则下的能耗责任存在显著差异，这意味着核算原则对各地区的能耗责任有显著影响。从理论上来看，加权综合责任指标考虑的因素最全面、最能调动各类经济主体的节能积极性，但在具体实施过程中也存在不易核算的困难。其他责任指标的核算相对容易且可操作性更强，但它们往往只针对部分经济主体，因而难免有失偏颇。因此，政府相关部门在制定相应的节能政策（如分配节能指标）时应慎重选取能耗责任核算原则，并保证地区节能任务与其能耗责任相匹配。当然，这些问题的解决还有待学术界和政策制定者以及全社会的共同努力。

参考文献

［1］ Eder, P. , and Narodoslawsky, M. What Environmental Pressures Are A Region's Industries Responsible for? A Method of Analysis with Descriptive Indices and Input-output Models. Ecological Economics, 1999, 29 (3).

［2］ Lenzen, M. and Murray, J. Conceptualising Environmental Responsibility. Ecological Economics, 2010, 70 (2).

［3］ Marques A. , Rodrigues, J. , Lenzen, M. , and Domingos, T. Income-based Environmental Responsibility, Ecological Economics, 2012, 84.

［4］ Munksgaard, J. and Pedersen, K. A. CO2 Accounts for Open Economies: Producer or Consumer Responsibility? . Energy Policy, 2001, 29 (4).

［5］ Zhang, Y. The Responsibility for Carbon Emissions and Carbon Efficiency at the Sectoral Level: Evidence from China. Energy Economics, 2013, Forthcoming.

［6］ Gallego, B. , and Lenzen, M. A Consistent Input-output Formulation of Shared Consumer and Producer Responsibility. Economic Systems Research, 2005, 17 (4).

［7］ Lenzen, M. , Murray, J. , Sacb, F. , and Wiedmann, T. Shared Producer and Consumer Responsibility — Theory And Practice. Ecological Economics, 2007, 61 (1).

［8］ Lenzen, M. Consumer and Producer Environmental Responsibility: A Reply. Ecological Economics, 2008, 66 (2—3).

［9］ Rodrigues, J. , Domingos, T. , Giljum, S. , and Schneider, F. Designing An Indicator of Environmental Responsibility. Ecological Economics, 2006, 59 (3).

［10］ Andrew, R. , and Forgie, V. A Three-perspective View of Greenhouse Gas Emission Responsibilities in New Zealand. Ecological Economics, 2008, 68 (1—2).

［11］ Ferng, J. J. Allocating the Responsibility of CO_2 over-emissions from the Perspectives of Benefit Principle and Ecological Deficit. Ecological Economics, 2003, 46 (1).

［12］ Bastianoni, S. , Federico, M. , and Enzo, T. The Problem of Assigning Responsibility for Greenhouse Gas Emissions. Ecological Economics, 2004, 49 (3).

［13］ Peters, G. P. From Production-based to Consumption-based National Emission Inventories. Ecological Economics, 2008, 65 (1).

［14］ Ghosh，A. Input-output Approach in An Allocation System. Economica，1958，25（97）.

［15］ 张友国：《基于经济利益的产业间环境责任分配》，《中国工业经济》2012年第7期。

［16］ 刘卫东、陈杰等：《中国2007年30省区市区域间投入产出表编制理论与实践》，中国统计出版社2012年版。

Provincial Responsibility for Energy consumption in China under Benefit Principle

ZHANG You-guo

(Institute of Quantitative and Technical Economics, Chinese Academy

of Social Sciences, Beijing 100732, China)

Abstract: Accounting provincial responsibility for energy consumption is important for scientifically designing and implementing energy policy across regions. This paper proposes a framework for accounting responsibility for energy consumption at the regional level according to various benefit principles, using multi-regional input-output model, and applies it to analyze the energy efficiency and responsibility for energy consumption at the provincial level in China. The results indicate that the energy efficiencies of the same sector in different provinces are significantly different from each other. For each province, its efficiencies and responsibilities under different principles are significantly different for each other. However, the energy efficiencies of provinces (such as Ningxia, Guizhou, Qinghai, Shanxi and Inner Mongolia) with high proportions of classical energy intensive industries are always ranked lower, whereas the efficiencies of coastal provinces (such as Zhejiang, Beijing, Guangdong, Shanghai and Jiangsu) are always ranked higher, irrespective to the principles. At the same time, the responsibilities of provinces with larger economic sizes (such as Guangdong, Jiangsu and Shandong) are always very large, whereas those of provinces with smaller economic sizes (such as Hainan, Ningxia and Qinghai) are always very small. Therefore, the government should be prudent when choosing the principles for accounting the provincial responsibilities for energy consumption and make sure that the energy conservation objectives of each province match up to their responsibilities. Further, differential energy tax can be used to encourage each province to exert their comparative advantages to avoid duplication of similar projects and enhance the energy efficiency of the whole country.

Key Words: Provincial responsibility for energy consumption, benefit principle, multi-regional input-output model

附录 A

1. 基本利益原则的区域能耗责任核算框架

(1) 生产责任。在生产责任原则下，区域 r 的能耗责任就是该区域内所有经济活动[①]所直接引起的能耗总量。

$$Q^r = \sum_i q_i^r \tag{A1}$$

与之相关的经济利益是区域 r 的总产出：

$$X^r = \sum_i x_i^r,$$

区域 r 的直接能耗强度可表示为：

$$F^r = Q^r / X^r。$$

区域 r 中部门 i 的直接能耗强度为：

$$f_i^r = q_i^r / x_i^r。$$

(2) 收入责任。类似单区域投入产出模型，基于多区域 Ghosh 模型 (Ghosh, 1958)，我们可以建立收入与能耗总量的关系：

$$Q_{tot} = (x_{tot})^T f_{tot} = (v_{tot})^T G_{tot} f_{tot} \tag{A2}$$

其中，

---

① 包括生产和居民生活两方面，我们暂不考虑居民生活直接引起的资源消耗和污染排放。

$x_{tot} = ((x^1)^T, \cdots (x^k)^T)^T$, $f_{tot} = ((f^1)^T, \cdots (f^k)^T)^T$, $v_{tot} = ((v^1)^T, \cdots (v^k)^T)^T$, $G_{tot} = (1 - B_{tot})^{-1}$

而 B_{tot} 是区域间的中间产出分配系数矩阵，可表示为：

$$B_{tot} = \begin{pmatrix} B^{11} & \cdots & B^{1k} \\ \vdots & \ddots & \vdots \\ B^{k1} & \cdots & B^{kk} \end{pmatrix}$$

收入责任原则下，区域 r 中部门 i 的能耗责任为：

$\hat{q}_i^r = v_i^r d_i^r$,

v_i^r 就是区域 r 中部门 i 的经济利益，而其下游能耗乘数为：

$d_i^r = \sum_s \sum_j G_{ij}^{rs} f_j^s$,

其中，G_{ij}^{rs} 是 G_{tot} 的元素。

区域 r 在收入责任原则下应承担的能耗责任为：

$\hat{Q}^r = V^r D^r$ （A3）

V^r 是其经济利益即其各部门增加值的合计，可表示为：

$V^r = \sum_i v_i^r$,

D^r 是其下游能耗乘数，即各部门下游能耗乘数的加权平均值，可表示为：

$D^r = \sum_i d_i^r \eta_i^r$。

（3）消费责任。同样，基于多区域 Leontief 投入产出模型，我们可以建立最终需求与能耗总量的关系：

$Q_{tot} = (f_{tot})^T x_{tot} = (f_{tot})^T L_{tot} y_{tot}$ （A4）

其中，y_{tot} 是跨区域的最终需求向量，可表示为：

$y_{tot} = ((y^1)^T, \cdots (y^k)^T)^T$,

又其中

$y^r = y^{r1} + \cdots + y^{rk}$,

其元素为

$y_i^r = y_i^{r1} + \cdots + y_i^{rk}$。

$L_{tot} = (1 - A_{tot})^{-1}$，而 A_{tot} 是区域间的投入产出系数矩阵，可表示为：

$$A_{tot} = \begin{pmatrix} A^{11} & \cdots & A^{1k} \\ \vdots & \ddots & \vdots \\ A^{k1} & \cdots & A^{kk} \end{pmatrix},$$

消费责任原则下，区域 r 中部门 i 的能耗责任为：

$q\check{}_i^r = y_i^r u_i^s,$

y_i^r 就是区域 r 中部门 i 的经济利益，而其上游能耗乘数，可表示为：

$u_i^r = \sum_s \sum_j f_j^s L_{ji}^{sr},$

其中，L_{ji}^{sr} 是 L_{tot} 的元素。

区域 r 的消费责任为：

$Q\check{}^r = Y^r U^r$ （A5）

Y^r 是其经济利益即其消费的来自各区域的各种最终产品的价值合计，可表示为：

$Y^r = \sum_s \sum_i y_i^{sr}$

U^r 是其上游能耗乘数，它是区域 r 消费的来自各区域的各种最终产品上游能耗乘数的加权平均值，可表示为：

$U^r = \sum_s \sum_i u_i^s \omega_i^{sr},$

2. 共担责任原则下的区域生态责任核算框架

（1）收入加权责任。基于 Ghosh 模型，通过引入责任份额向量 β^r，我们可进一步将 Q_{tot} 表示为：

$Q_{tot} = (v'_{tot})^T G'_{tot} f_{tot}$ （A6）

其中，

$v'_{tot} = ((v'^1)^T, \cdots, (v'^k)^T)^T,$

v'^r 是区域 r 调整后的增加值向量，其元素 v'_i^r 表示区域 r 部门 i 调整后的增加值，可表示为：

$v'_i^r = v_i^r + (1 - \beta_i^r)(x_i^r - v_i^r);$

$G'_{tot} = (I - B'_{tot})^{-1}$ 是调整后的 Ghosh 逆矩阵，而

$B'_{tot} = B_{tot} \text{diag}(\beta_{tot}),$

又其中，

$\beta_{tot} = ((\beta^1)^T, \cdots, (\beta^k)^T)^T。$

收入加权责任原则下，区域 r 中部门 i 的能耗责任为：

$q\hat{}'_i^r = v'_i^r d'_i^r,$

v'_i^r 就是区域 r 中部门 i 的经济利益，而其收入加权能耗乘数为：

$d'_i^r = \sum_s \sum_j G'_{ij}^{rs} f_j^s$

其中，G'_{ij}^{rs} 是 G'_{tot} 的元素。

区域 r 的收入加权责任为：

$$Q^{\wedge\prime\prime} = V^{\prime\prime}D^{\prime\prime} \tag{A7}$$

$V^{\prime\prime}$ 是其经济利益即其各部门调整后的增加值合计，可表示为：

$$V^{\prime\prime} = \sum_i v^{\prime r}_i,$$

$D^{\prime\prime}$ 是其收入加权能耗乘数，即其各部门收入加权能耗乘数的加权平均值，可表示为：

$$D^{\prime\prime} = \sum_i d^{\prime r}_i \eta^{\prime r}_i。$$

根据 Lenzen（2008）的建议，我们可以将 β_i^r 定义为：

$$\beta_i^r = 1 - y_i^r / x_i^r。$$

（2）消费加权责任。基于 Leontief 模型，通过引入责任份额向量 α^r，我们可进一步将 Q_{tot} 表示为：

$$Q_{tot} = (f_{tot})^T L^{\prime}_{tot} y^{\prime}_{tot} \tag{A8}$$

其中，

$$y^{\prime}_{tot} = ((y^{\prime 1})^T, \cdots, (y^{\prime k})^T)^T,$$

$y^{\prime r}$ 是区域 r 提供的、调整后的最终产品向量，其元素 $y^{\prime r}_i$ 表示区域 r 部门 i 调整后的最终需求，可表示为：

$$y^{\prime r}_i = y_i^r + (1 - \alpha_i^r)(x_i^r - y_i^r);$$

$L^{\prime}_{tot} = (I - A^{\prime}_{tot})^{-1}$ 是调整后的 Leontief 逆矩阵，而

$$A^{\prime}_{tot} = diag(\alpha_{tot}) A_{tot},$$

又其中，

$$\alpha_{tot} = ((\alpha^1)^T, \cdots, (\alpha^k)^T)^T。$$

消费加权责任原则下，区域 r 中部门 i 的能耗责任为：

$$q^{\vee\prime r}_i = y^{\prime r}_i u^{\prime s}_i,$$

$y^{\prime r}_i$ 就是区域 r 中部门 i 的经济利益，其消费加权能耗乘数为：

$$u^{\prime r}_i = \sum_s \sum_j f^s_j L^{\prime sr}_{ji},$$

其中，$L^{\prime rs}_{ij}$ 是 $L^{\prime}_{tot}$ 的元素。

区域 r 的消费加权责任为：

$$Q^{\vee\prime\prime} = Y^{\prime\prime}U^{\prime\prime} \tag{A9}$$

$Y^{\prime\prime}$ 是其经济利益即其消费的来自各区域的各种最终产品的调整价值合计，可表示为：

$$Y^{\prime\prime} = \sum_s \sum_i y^{\prime sr}_i,$$

$y^{\prime sr}_i$ 即区域 r 中来自区域 s 部门 i 的最终消费品的调整价值，可表示为：

$$y'^{sr}_i = \mu^{sr}_i y'^s_i;$$

U'' 是消费加权的能耗乘数，它是区域 r 消费的来自各区域的各种最终产品消费加权能耗乘数的加权平均值，可表示为：

$$U'^r = \sum_s \sum_i u'^s_i \omega'^{sr}_i 。$$

借鉴 Lenzen et al（2007）的思路，我们可以将 α^r_i 定义为：

$$\alpha^r_i = 1 - v^r_i / (x^r_i - Z''_{ii})。$$

（3）综合责任。综合责任是收入责任和消费责任的平均值，因而区域 r 部门 i 的综合责任为：

$$q^{\hat{\ }r}_i = (q\hat{^r}_i + q\check{^r}_i)/2,$$

类似的，其综合经济利益可定义为 $b^r_i = (v^r_i + y^r)/2$，于是，其综合能耗乘数可表示为 $c^r_i = q^{\hat{\ }r}_i / b^r_i$。

同样，区域 r 的综合责任可表示为：

$$Q^{\hat{\ }r} = (Q^r + Q^r)/2 \tag{A10}$$

经济利益可定义为 $\Phi^r = (V^r + Y^r)/2$，由此得到其能耗乘数为 $C^r = Q^{\hat{\ }r}/\Phi^r$。

（4）加权综合责任。加权综合责任是收入加权责任和消费加权责任的平均值，因而区域 r 部门 i 的加权综合责任为：

$$q^{\hat{\ }'r}_i = (q\hat{^{'r}}_i + q\check{^{'r}}_i)/2,$$

其加权综合经济利益也可依此定义为 $b'^r_i = (v'^r + y'^r)/2$，从而得到其加权综合能耗乘数为 $c'^r_i = q^{\hat{\ }'r}_i / b'^r_i$。

类似地区域 r 的加权综合责任为：

$$Q^{\hat{\ }'r} = (Q^{\hat{\ }'r} + Q^{\check{\ }'r})/2 \tag{A11}$$

加权经济利益可表示为 $\Phi'^r = (V'^r + Y'^r)/2$，而加权能耗乘数为 $C'^r = Q^{\hat{\ }'r}/\Phi'^r$。

低碳建筑：以标准引领可持续消费

陈洪波　储诚山　王新春

【内容摘要】　建筑领域的消费活动非常广泛，基本覆盖了人的所有室内活动。全球建筑领域的碳排放约占排放总量的三分之一左右，与工业、交通并列为温室气体排放的三大重点领域。设计和建造低碳建筑是控制建筑领域碳排放的重要途径，已经成为国际建筑发展的新趋势。一些发达国家正研究制定法定标准，推行低碳或零碳建筑。本文在分析我国建筑能耗和碳排放现状与特征的基础上，介绍了一套自主研发的北方居住建筑低碳标准，旨在阐明以低碳标准引领建筑领域的可持续消费，并进一步讨论了建筑可持续消费的成本问题、标准实施的范围问题和相关政策问题。

【关键词】　低碳建筑　标准　建筑节能　可持续消费

一　导言

建筑是人们为了满足社会生活需要而构建的人工环境，按照建筑的用途不同，可分为居住建筑和公共建筑两大类。居住建筑是指供人们居住使用的建筑，包括住宅、集体宿舍、公寓等。公共建筑是指供人们进行各种公共活动的建筑，包括写字楼、商场、宾馆饭店和其他建筑等。在我国，单体建筑面积大于 2 万平方米的公共建筑为大型公共建筑，而 2 万平方米及以下的为中小型公共建筑。

全球建筑领域的碳排放约占排放总量的三分之一左右，与工业、交通并列为温室气体排放的三大重点领域。据 IPCC《第四次评估报告》，建筑领域温室气体排放总量（包括用电产生的排放）约为 106 亿吨 CO_2

当量/年，占全球年温室气体排放的 33%，并消耗了全球 40% 的能源。2004 年，全球建筑领域的温室气体直接排放（不包括发电产生的排放）约为 50 亿吨 CO_2 当量/年；当包括用电产生的排放时，建筑领域产生的与能源有关的二氧化碳排放大约为 86 亿吨当量/年，占全球排放总量的 33%。温室气体排放总量（包括用电产生的排放）估计则达到 106 亿吨 CO_2 当量/年（一致性高，证据量中等）（IPCC，2007）。国际能源署（IEA）也发布了建筑能源消耗造成温室气体的数量。IEA《2012 年能源技术远景》报告中称，全球建筑领域直接或间接能源消耗占能源总消耗量的 32%，二氧化碳排放占全球与能源消耗造成的二氧化碳排放量的 26%（IEA，2012）。

建筑领域也是温室气体排放量增长最快的领域之一。随着人口和经济的快速增长，必然带来对建筑需求的快速增长，进而也带来建筑温室气体排放的快速增长。IPCC《第四次评估报告》对全球建筑行业的未来的温室气体排放基于不同的情景模式给出了预测："介于相对较低经济增长的 SRESB2 和经济快速发展的 A1B2 之间的情境下，2020 年和 2030 年全球建筑领域的 CO_2 排放分别将从 2004 年的 86 亿吨增加到 114 亿吨 CO_2、143 亿吨 CO_2 当量（包括用电产生的排放）。SRES B2 和 A1B 情景下 2030 年相应的排放量为 114 亿吨 CO_2 和 156 亿吨 CO_2。在基于相对较低经济增长的 SRESB2 情景下，北美洲和东亚地区占排放增加量的最大部分。整体而言，在 B2 情景下，在 2004—2030 年期间 CO_2 排放的年平均增加比例为 1.5%；在 A1B 情景下 CO_2 排放的年平均增比例为 2.4%（一致性高，证据量中等）。"（IPCC，2007）。国际能源署发布的《2012 年能源技术远景》预计，建筑温室气体排放将从 2007 年的 81 亿吨，飞升到 2050 年的 152 亿吨。其中，受人口增长、城市化和现代化进程影响，包括中国在内的亚洲、中东、拉丁美洲等地区，正在进入一个建筑业"繁荣期"，全球温室气体的排放量，预计在未来 40 年中急剧增加。发展中国家的建筑物数量到 2050 年几乎将比现在增长一倍（IEA，2012）。

建筑领域的碳排放又主要发生在建筑运行期间，建筑在运行期间的碳排放约占建筑全生命周期碳排放的 70%—80%。并且，建筑具有较强的锁定效应，一旦某个建筑物建成之后，其规划、设计、选材、建造的标准将决定该建筑物在较长时间内运行的碳排放水平。因而，建设低碳建筑是控制建筑碳排放的重要途径。什么是低碳建筑？目前国际上尚没有公认的定义。我们认为，低碳建筑有狭义和广义之分。狭义低碳建筑是指建筑物在运行期间碳排放相对较低，通过提高建筑运行期间能源利用率，降低化石能源的使用，提高可再生能源利用比例，以降低温室气体的排放。而广义低碳建筑则是从建筑的整个生命周期，即从规划、设计、建造、运行和拆除/重建，以及建筑材料的生产、运输等各个环节来降低化石能源的消耗，以减少温室气体的排放（陈洪波等，2013）。

低碳建筑标准是引领建筑建设的重要措施。近年来，国际上研究、设计、建造低能耗建筑、低碳建筑，甚至零能耗建筑已经成为新的趋势。一些发达国家开始制定法定标准，推行低碳或零碳建筑。英国提出住宅和公共建筑的采暖、照明和家用/办公电器分别在 2016 年和 2019 年实行净零碳排放[1][2]。德国正在制定法定标准，到 2020 年所有新建的住宅和公共建筑实现零化石燃料消耗。荷兰提出到 2020 年住宅和公共建筑都实现能源中性（energy neutral），即：建筑产能和用能持平[3]。法国甚至提出到 2020 年所有新建建筑建成正能源（E + ）建筑，建筑产能大于用能[4]。美国也提出住宅和公共建筑分别在 2020 年和 2025 年实现零能源账单，即：建筑卖出能源的经济收入平衡购入能源花费[5]。有专家预言，未来的建筑都将成为微型发电厂，就地收集可再生能源；每栋建筑以及基础设施使用氢和其他储存技术，以存储间歇式能源；利用互联网技术使成千上万栋建筑生产的能源联网共享[6]。未来建筑不仅是零碳排放，还将是能源的生产单位和储能设施。

我国从 20 世纪 90 年代中期开始重视建筑节能，1995 年颁布了北方暖地区住宅节能设计标准 JGJ26—95，2001 年和 2003 年又分别出台了夏热冬冷地区和夏热冬暖地区的住宅节能设计标准 JGJ134—2001 及 JGJ75—2003，2005 年出台了公共建筑节能设计标准 GB50189—2005。

---

① Department for Communities and Local Government of UK, 2010：*Code for Sustainable Homes-Technical Guide.* www. communities. gov. uk.

② Scottish Building Standards Agency, 2007：*A Low Carbon Building Standards Strategy for Scotland* www. sbsa. gov. uk.

③ Danish Building Research Institute, Aalborg University. 2008：*European national strategies to move towards very low energy buildings.* www. sbi. dk.

④ European Council for an Energy Efficient Economy. 2009：*Net zero energy buildings：definitions, issues and Experience.*

⑤ 《建筑围护结构国外先进节能法规标准和技术跟踪研究》项目报告，科技部社会公益研究专项（2005DIB5J199），2009。

⑥ 杰里米·里夫金：《第三次工业革命》（中文版），中信出版社 2012 年版。

这三个住宅节能标准和一个公建节能标准都以节能 50% 作为目标来确定建筑物的外围护结构的性能标准和相关的采暖空调设备的能效，俗称"50% 节能标准"。一些经济发达的省市，如北京和上海等地，在住宅节能的国家标准上更进一步，颁布了 65% 的地方节能标准。住建部于 2010 年又颁布了严寒和寒冷地区的 65% 住宅节能标准，一些地方已经开始编写 75% 的节能标准。建筑节能标准的推广应用对于减少我国建筑碳排放发挥了重要作用，但现有建筑节能标准覆盖面较窄，不能囊括低碳建筑的全部含义。低碳建筑在我国还是一个新的概念，一些研究机构、行业协会和房地产商开展了低碳建筑的研究，但目前尚未提出一套成体系及能实施的低碳建筑标准。

本文将分析我国建筑能耗和温室气体排放的现状、趋势和特点，并介绍一套自住研发的低碳建筑标准，旨在以标准引领我国低碳建筑建设和建筑领域的可持续消费。

二 我国建筑能耗和温室气体排放的状况与特征

我国建筑体量大、增长快，由此也带来建筑温室气体的快速增长。全国 2010 年共有建筑面积 453 亿平方米，其中，农村住宅建筑面积 230 亿平方米，占全国总面积的 51%；城镇建筑面积为 223 亿平方米，占全国总面积的 49%。在城镇建筑中，住宅面积为 144 亿平方米，占城镇建筑总面积的 66%，公共建筑面积为 79 亿平方米。[①] 2010 年，建筑总能耗（不含生物质能）为 6.77 亿吨标准煤，占全国总能耗的 20.9%，此外农村建筑还消耗了 1.39 亿吨的生物质能（清华大学建筑节能研究中心，2012）。同时，建筑也是我国温室气体排放的重要来源。2005 年，我国温室气体排放总量为 52.5 亿吨 CO_2，其中建筑领域温室气体排放量为 10.8 亿吨 CO_2，占总排放量的 20%。2010 年增长到 16.38 亿吨 CO_2，"十一五"期间年均增速是 8.7%。[②]

随着我国国民经济发展和城市化进程的加快，建筑碳排放量将进一步快速增加。一是，建筑总量增大，"十二五"和"十三五"期间经济

---

① 清华大学建筑节能研究中心：《中国建筑节能年度发展研究报告（2012）》，中国建筑工业出版社 2012 年版。

② 韩文科、康艳兵、刘强等：《中国 2020 年温室气体控制目标的实现路径与对策》，中国发展出版社 2012 年版。

增速分别是 8.5% 和 7% 左右。人口到 2015 年将达到 13.75 亿，到 2020 年将达到 14.1 亿左右。城镇化率到 2015 年将达到 54%，到 2020 年将达到 58%。每年新增建筑面积 16 万—20 亿平方米，预计人均建筑面积将达到 37 平方米，到 2020 年将新增 300 多亿平方米，建筑面积总量将达到 655 亿平方米。二是，随着人民生活水平的不断提高，城乡居民的消费结构改变，生活方式向舒适性转变，居住内、外环境舒适性水平及各种家用电器的服务水平也会越来越高，将导致建筑能耗持续增加，并将导致建筑中温室气体的大量排放。到 2020 年，每年将消耗 1.2 万亿度电和 4.1 亿吨标煤，接近目前全国建筑能耗的 3 倍。建筑能耗的比例将继续提高，最终接近发达国家目前的 33% 的水平。加上建材的生产能耗 16.7%，建筑领域能耗约占全社会总能耗的 46.7%。

通过对齐齐哈尔、铜川和新余等城市的调研，我们认为，我国建筑能耗呈现以下几个特征：

（一）北方城市采暖能耗高

我国北方城镇建筑面积已超越 100 亿平方米，冬季供热采暖消耗了大量能源，约占全国建筑总能耗（不含生物质能）的四分之一。铜川属于寒冷（A）区，采暖能耗约 39 万吨标准煤，占全社会总能耗的 10%。属于严寒（B）区的齐齐哈尔市 2012 年既有建筑耗能总量 345.07 万吨标准煤，占全社会总能耗的 29.6%（黑龙江省建筑总能耗约占全省能源消耗总量的 37%），全市集中供热的既有建筑每年取暖期消耗标准煤 155.05 万吨（不含热电联产），占建筑能耗的 45%，供暖产生二氧化碳 411 万吨。

采暖能耗强度较高，气候条件是决定建筑采暖能耗强度的重要因素，严寒地区城镇是所有北方城镇平均值的 2.2 倍。但与发达国家相比，在相近气候条件下，我国采暖能耗强度大大高于发达国家，我国严寒地区的采暖能耗强度比相同气候区发达国家至少高 1 倍，例如，齐齐哈尔市区集中供热平均热耗强度为 22.3 公斤标准煤/平方米，而芬兰赫尔辛基市采暖平均热耗强度仅为 11 公斤标准煤/平方米。处于寒冷（A）区的铜川，平均采暖能耗强度约 13 公斤标准煤/平方米，比北京高 30%，比同气候区的欧盟国家高约 1 倍，是德国被动房采暖能耗的 6 倍。

与国外超低能耗建筑先进标杆相比，我国则差距更为明显。国外超低能耗建筑从 20 多年前在严寒地区试点，已取得较成熟的经验，例如，目前全世界被动房已拥有超过 3 万套，其中，德国就超过 1.6 万套，其全年总能耗（包括采暖、空调、换气、热水、照明和家用电器）强度为 14.8 公斤标煤/平方米，是我国北方采暖地区平均能耗（采暖和电耗）强度的 39%，是齐齐哈尔城乡建筑能耗强度的 62%，与被动房相比，我国严寒 B 区的节能潜力平均达 80%。

采暖能耗高的主要原因是节能锅炉少，传统锅炉效率低。例如，齐齐哈尔市区有区域供热锅炉 414 台，其中节能锅炉只有 3 台，411 台传统锅炉为热负荷 7—28 兆瓦中小热水锅炉，运行效率在 60%—70%，小锅炉实际运行热效率一般 50% 以下，每个供热季平均供热标煤耗量高达 60 公斤/平方米建筑（集中供热平均煤耗为 45 公斤标煤/平方米），低于 JGJ26—2010《严寒和寒冷地区居住建筑节能设计》标准关于锅炉运行效率最低 70% 的强制性条文要求，更远低于热电联产方式的 150% 的效率值。

（二）公共建筑的能耗强度远高于居住建筑

根据铜川市公共机构能耗的统计数据，铜川公共建筑的综合能耗强度为 87.6 公斤标准煤/平方米，是全市建筑平均值的 3.4 倍。三星级宾馆的综合能耗强度为 103.9 公斤标准煤/平方米，是全市建筑平均值的 4 倍，见图 2.1 所示。

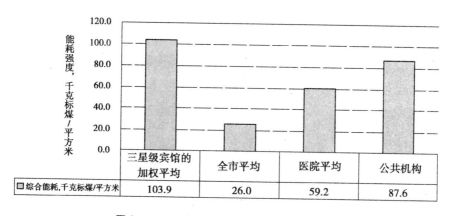

图 2.1　2012 年铜川建筑综合能耗强度比较

在同类功能的建筑中，能耗强度水平相差较大。以三星级宾馆为例，统计的 5 家三星级宾馆中，能耗强度最高的比最低的高 57%，比平均值高 24%，见图 2.2 所示。

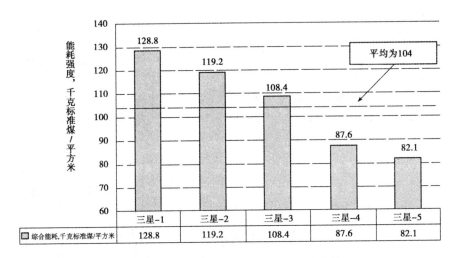

图 2.2　2012 年铜川建筑综合能耗强度比较

从电耗来看，公共建筑电耗强度平均为 41 千瓦时/平方米，是全市居住建筑的 5 倍。在公共建筑中，电耗强度最高的是卫生事业类单位，是公共建筑平均值的 4 倍。大型公共建筑的能耗比普通公共建筑能耗强度高，前者平均是后者的 2—4 倍。例如，新余市 4 家最大商场，均属大型公共建筑，总建筑面积为 24.7 万平方米，电耗强度平均为 74.8 kWh/m2，是公共机构的 3.8 倍，是住宅的 6.8 倍。

（三）城镇建筑能耗远高于农村

我国城乡建筑能耗存在较大差异，同类型建筑的能耗，城市远高于农村，我国城镇建筑用能强度平均为 22.4kgce/m2，是农村建筑的 2.9 倍。以江西省为例，江西省农村人均商品用能不足城镇的三分之一。城乡建筑能耗的差异主要缘于城乡家用电器拥有量的差异，江西省城镇百户空调拥有数量约 110 台，而农村仅为 8 台。我国城乡差距同样表现在建筑能耗方面，但归根结底，人均收入水平是影响建筑能耗的重要因素，人均收入水平直接影响到建筑能耗水平，人均收入低的城市，其建筑能耗也低。例如，同处于夏热冬冷地区的几个城市，居住建筑方面，杭州、上海等发达地区城市百户城镇居民的空调拥有台数超过 200 台，农村居民也超过 100 台，而江西省新余市城乡百户居民的空调拥有量分别是 140 台和 11 台。新余市单位建筑面积电耗强度普遍低于一、二线城市，成都市电耗强度比新余市高 60%—150%。在公共建筑方面，新余市星级宾馆、三甲医院、国家机关、教育事业机构和卫生事业机构的单位建筑面积电耗强度只有一线和二线城市的一半。可见，随着城镇化的推进和人均收入水平的提高，控制建筑能耗的压力将越来越大。

（四）我国建筑能耗标准与发达国家相差甚远

过去 10 年是我国对建筑节能最为重视的时期，2013 年全国城镇新建建筑已全面执行节能强制性标准，全国城镇累计建成节能建筑面积 88 亿平方米，约占城镇民用建筑面积的 30%，然而与国外同类气候区相比，我国建筑设计能耗标准仍有不小的差距。例如，上海、江苏、武汉和重庆等夏热冬冷地区实行的居住建筑 65% 节能标准，其墙体传热系数比美国 ASHRAE 90.1—2007 仍高 10%—120%，屋面传热系数比美国高 50%—340%，门窗的传热系数和遮阳系数比美国能源之星门窗的指标差 25%—60%；与西欧和北欧相比，我国寒冷地区门窗性能指标仍有约 35%—50% 的差距。目前，发达国家纷纷制订超低能耗标准，比现行建筑能耗标准节能至少 50%。例如，按照欧盟建筑节能指令（Directive 2010/31/EU on the energy performance of buildings ［3］（简称 EPBD）），要求 2018 年新建公共建筑实现近零能耗，2020 年欧盟全部新建筑实现近零能耗。截至 2012 年 11 月底，比利时、丹麦等四个成员国制定了近零能耗标准，其他的国家正在等待批准或制定中。这无疑将进一步拉大我国与发达国家在建筑能耗标准上的差距。

三 北方居住建筑低碳标准

为发挥标准对可持续消费的引领作用，本文在研究参考国内外绿色建筑标准、节能建筑标准和低碳建筑文献的基础上，制定了北方居住建筑低碳标准。该标准重视建筑本体节能，在国家现行建筑节能设计标准的基础上，提高了建筑围护结构热工性能的要求和体形系数要求，增加了建筑冬季防风设计要求，并兼顾自然采光和自然通风，以确保在建筑节能的前提下，提高可再生能源利用比例，实现建筑低碳化。同时，结合房地产开发流程，加强指标可控性，将建筑生命周期分为五个阶段，通过分阶段的指标控制，以引导和规范北方采暖地区居住建筑规划、设计、建材选用、施工、监理、验收、物业管理和项目评估。

（一）低碳建筑指标体系

根据北方采暖地区居住建筑规划、设计，建筑材料选用、施工、运行管理过程中影响能源消耗和碳排放的主要因素，采用层次分析法，选取住区环境规划等10个方面，筛选了42项指标构建了北方采暖地区居住建筑低碳指标体系（见表1），以对北方采暖地区居住建筑规划、设计和建设运行进行指导与评价，降低住宅建筑生命周期中的能源消耗和碳排放。

本指标体系采用了百分制，对每个指标进行量化评分，然后根据权重加总计算总分，从而进行综合评价。考虑到不排除被评价对象表现优秀，达到了零碳甚至是负碳建筑，还对外围护结构和可再生能源两个关键方面的指标设置了加分项以全面反映建筑性能。

本指标体系采用了专家意见法（德尔菲法）以确定各指标的相对重要性及各指标分值的设置。即邀请相关专家，依据系统的程序匿名发表意见，并直接提交调查人员，专家之间不发生任何横向联系。调查人员采取单对单的通信方式征询专家小组成员的意见，经过多轮调查使专家组的意见趋于集中，最后做出结论。

表1 **北方居住建筑低碳标准体系**

	指标	分值	备注
住区环境规划 （6分）	低碳出行	2	
	公共设施可达性	1	
	绿化植被与碳汇	2	
	透水地面	1	
布局与设计 （6分）	体型系数	2	
	单体朝向	1	
	群体布局	3	
外围护结构 （37 + X 分）	围护结构热工性能	30 + X	有额外加分
	屋面	2	
	外窗的窗墙比和窗地比	2	
	建筑门窗节能性能标识	1	
	外遮阳	2	

续表

指标		分值	备注
机电系统 （10分）	低品位能源采暖	2	
	高效率家电及用电产品	3	
	供水系统	2	
	供热计量与室温调控装置	3	
采光与照明 （3分）	公共空间自然采光	1	
	节能灯具	1	
	照明节能控制	1	
可再生能源 （15＋X分）	太阳能热水	5	
	太阳能光电照明	3	选项一，有额外加分
	可再生能源采暖	5＋x	
	可再生能源占总能耗比例	13＋x	选项二，有额外加分
	能源存储或输出	2	
节水（7分）	非传统水源利用	3	
	管网漏损控制	3	
	节水器具选用	1	
建筑材料 （6分）	可循环材料	1	
	可再利用材料	1	
	建材本地化率	1	
	低碳材料	1	
	工业化部品部件	1	
	高性能混凝土、高强度钢筋	1	
施工与装修 （5分）	施工节能	1	
	施工节材	1	
	施工节水	1	
	一次装修到位	2	
住区运行管理 （5分）	垃圾收集设施	1	
	设备与公共空间维护	1	
	节能电梯	1	
	物业管理	1	
	低碳住区手册	1	

（二）低碳建筑评价分级

按照上述标准对建筑单体或居住小区进行打分，根据得分情况，可分别将建筑单体或居住小区定级为低碳 1 星、低碳 2 星、低碳 3 星、零碳建筑、负碳建筑 5 个等级（见表 2）。根据建筑实例的调查测算，仅从节能效果来看，该标准比国家现行北方采暖地区居住建筑节能设计标准的节能效果更好，五个等级的低碳建筑的节能效果分别比现行国家节能标准高 ≥15%、25%、35%、35%、35%。

表 2   低碳建筑评价分级

级别	总分值	外围护结构节能率	可再生能源占总能耗比例
低碳 1 星	≥60	≥15%	≥8%
低碳 2 星	≥80	≥25%	≥10%
低碳 3 星	≥100	≥30%	≥15%
零碳建筑	≥100	≥30%	=100%
负碳建筑	≥100	≥30%	>100%

（三）主要指标的评价方法

本标准设计 10 个方面 42 个项目，限于篇幅，本文选取布局与设计、外围护结构和可再生能源 3 个方面的 6 项指标来进一步说明指标的含义及评价方法。

1. 布局与设计：体型系数

建筑群体的布置、建筑单体朝向和体形系数与建筑碳排放关系密切，低碳建筑设计应首先从总体布置及单体设计开始。首先，应考虑如何在冬季最大限度地获得太阳能以及在夏季减少室内太阳能；其次，应考虑我国严寒和寒冷地区冬季风强度较大，冬季防风可有效地减少建筑的热损失；另外，调整群体建筑朝向可改善夏季自然通风，提高舒适度和降低夏季空调能耗。本节仅选取体型系数进行说明。

（1）指标含义

体形系数是建筑物与室外大气接触的外表面积及其所包围的体积的比值。体形系数的大小对建筑能耗的影响显著。体型系数越小，即单位体积的外表面积越小，单位建筑面积对应的外表面积越小，在相同的气象条件和室内温度条件下，外围护结构的冬季的传热损失越小，同时夏季的太阳能得热越小。一般情况下，体形系数每增加 0.1，住宅的采暖能耗增加 10%—20%[①]。

对于严寒地区住宅，本标准规定体形系数比 JGJ26—2010 的同气候区降低 0.01，此项措施可降低采暖能耗约 2.3%—3%。对于寒冷地区的住宅，本标准规定的体形系数参照 JGJ26—2010 的严寒地区指标，比 JGJ26—2010 寒冷地区指标降低 0.02—0.03，此项措施可比 JGJ26—2010 至少节能 3%。

表 3 中的建筑层数分为四类，是根据目前大量新建居住建筑的种类来划分的。如 1—3 层多为别墅、托儿所和幼儿园、疗养院，4—8 层的多为大量建造的住宅，其中 6 层板式楼最常见。9—13 层多为高层板楼，14 层以上多为高层塔楼。这四类建筑的特点是，低层建筑的体形系数较大，高层建筑的体形系数较小，因此，在体形系数的限值上有所区别。

表3 　　　　　　　**严寒和寒冷地区居住建筑的体形系数限值**

建筑层数	≤3 层	4—8 层	9—13 层	≥14 层
本标准 – 严寒地区	≤0.49	≤0.29	≤0.27	≤0.23
本标准 – 寒冷地区	≤0.50	≤0.30	≤0.28	≤0.24
JGJ26—2010 严寒地区	≤0.50	≤0.30	≤0.28	≤0.25
JGJ26—2010 寒冷地区	≤0.52	≤0.33	≤0.30	≤0.26

将低层建筑的体形系数减低到 0.50 及以下，将大量建造的 6 层（属于 5—8 层之间的类别）建筑的体形系数控制在 0.30 及以下，可有利于控制居住建筑的总体能耗。9—13 层的高层建筑的体形系数控制在 0.28 以内可以给设计留有一定的灵活空间，14 层及以上层高的住宅的体形系数限值，将严寒地区控制在 0.23 以内，将寒冷地区控制在 0.24（≥14 层）以内。

（2）控制措施

第一，在小区的规划设计中，对住宅形式的选择控制大规模采用单元式住宅错位拼接，控制采用点式住宅拼接，因为错位拼接和点式住宅拼接式住宅将形成较长的外墙临空长度，增加住宅单体的体型系数，不利于节能。

---

① 《严寒和寒冷地区居住建筑节能设计标准 JGJ 26 - 2010（条文说明）》，2010。

第二，从降低建筑能耗的角度出发，将体形系数控制在一个较小的水平，严寒和寒冷地区的住宅建筑外形应简洁、紧凑，如直线形和折线形，建筑物的平、立面不应出现过多的凹凸。

第三，冬季保温与夏季遮阳、通风对建筑外形的要求会存在矛盾，冬季保温节能设计要求建筑外形尽量简洁，而复杂的外立面和结构设计则更能满足夏季的遮阳和自然通风的要求。对此，要求在满足体形系数的前提下兼顾遮阳与自然通风的要求。

第四，一旦所设计的建筑超过规定的体形系数时，则要求提高建筑围护结构的绝热性能。

（3）评价方法

本项指标在设计阶段进行控制。每个住宅建筑单体的体形系数满足表4中的指标要求即可得2分。

表4　　　　　严寒和寒冷地区居住建筑的体形系数限值

建筑层数	≤3 层	4—8 层	9—13 层	≥14 层
严寒地区	≤0.49	≤0.29	≤0.27	≤0.23
寒冷地区	≤0.50	≤0.30	≤0.28	≤0.24

2. 外围护结构：围护结构热工性能

建筑围护结构是建筑内外环境分隔和沟通的界面，担负建筑绝热、天然采光和太阳能的得热控制。建筑围护结构是实现建筑本体节能的根本和基础，是建筑节能工作的重点领域之一，是建筑低碳化和绿色化的基础。限于篇幅，本部分仅选择维护结构热工性能进行说明。

（1）指标含义

我国北方采暖地区的建筑围护结构热工性能有很大的改善空间。按照同气候区可比原则，与欧洲现行建筑节能标准比较，我国严寒地区建筑围护结构保温隔热性能仍有约16%—70%的改进空间；与北欧标准相比，我国严寒 A 地区门窗系数偏大 6%—44%，严寒 B 区和 C 区相差20%—48%。我国寒冷地区建筑围护结构保温隔热性能仍有约35%—50%的改进空间；与美国能源之星节能门窗标准相比，我国寒冷 B 区的遮阳系数偏大 12%—32%，门的传热系数则偏大三分之二。不论是严寒和寒冷地区，我国建筑节能标准与被动房标准相差则更大，被动房标准的外墙和屋面传热系数之后 $0.1W/(m^2 \cdot K)$，门窗传热系数之后

0.8W／（m² · K）。另外，欧洲建筑节能标准中热工性能指标最大值和最小值的差距很小。在国内，寒冷地区与严寒 B 区比较，围护结构保温隔热性能有约 20% 的改进空间。寒冷地区与严寒 A 区比较，围护结构保温隔热性能有约 30% 的改进空间。

（2）控制措施

提高建筑围护结构的热工性能，需要考虑我国的国情和技术水平，以便于实施，同时，为了缩小与发达国家的差距，本标准提出的高性能指标可作为引领行业发展的标杆。从寒冷到严寒地区的指标是以 JGJ26—2010 为基础，分为 6 个级别，能效水平逐级升高 10%，相当于一个标尺，这个标尺的最高点 VI 接近被动房标准，第二高点 V 接近目前国外先进标准，这就为今后 5 年内国标甚至地标的提升预留了空间。气候区不同，实现也途径不同，分别按照四个气候子分区进行实施，从设计、采购、安装和施工验收环节分别加以落实。

第一，对于严寒 A 区，按照"一般节能"、"较好节能"和"良好节能"三类指标进行实施。比现有标准分别节能约 10%、20% 和 30%。

第二，严寒 B 区分别采用 JGJ26—2010 严寒 A 区现有标准指标和本标准中严寒 A 区的"一般节能"和"较好节能"两档指标。比现有标准分别节能约 10%、20% 和 30%。

第三，严寒 C 区分别采用 JGJ26—2010 严寒 B 区和 A 区现有标准指标，以及本标准中严寒 A 区的"一般节能"指标。比现有标准分别节能约 10%、20% 和 30%。

第四，对于寒冷 A 区和 B 区，采用严寒 A、B 和 C 区的节能指标，比现有标准分别节能约 10%、20% 和 30%。寒冷地区如果采用目前严寒 A 区的标准要求，则可实现"75%"的节能标准。

我国有的地区将实施 75% 或更严格的地方节能标准，对此，可根据地方标准的节能水平对应的级别，确定能效基准，以节能 75% 标准为例，相当于能效级别 III，则以此为基准，则选用级别 IV、V 和 VI 作为该地区"一般节能"、"较好节能"和"良好节能"三类指标（见表 5）。

表 5　　　　　　　　不同能效级别对应的能效提高水平

能效级别	I	II	III	IV	V	VI
能效提高	10%	20%	30%	40%	50%	60%

在设计阶段，在规定性方法不能满足的条件下，则采用性能权衡判断法进行调整，性能权衡判断的基准是建筑的采暖和空调能耗之和，对严寒 A 区和严寒 B 区基准中可不包括空调能耗。

（3）评价方法

按照规定性和性能权衡判断两种方法对围护结构热工性能进行评价。规定性方法是围护结构部位的热工性能均满足明确的指标限值要求。性能权衡判断法是当部分围护结构部位的热工性能不能满足明确的指标限值要求时，借助建筑节能计算软件，提高其他部位的热工性能要求，从而使总的建筑能耗低于参照建筑。

选项一：规定性方法。

如果围护结构部位的热工性能均符合表 6—9 节能等级规定，相应级别的分值有 10 分、20 分和 30 分三档。

表 6　　　　　严寒 A 区围护结构部位热工性能限值

节能级别	IV	V	VI
节能等级	一般节能	较好节能	良好节能
分值	10	20	30
部位	传热系数 [W/ (m² · K)]		
屋面	0.18	0.15	0.12
外墙 - 不高于 3 层	0.22	0.20	0.18
外墙 - 高于 3 层	0.35	0.30	0.25
架空或外挑楼板	0.27	0.25	0.20
非采暖地下室顶板	0.27	0.25	0.20
分隔采暖域非采暖空间的隔墙	0.6	0.5	0.4
分隔采暖域非采暖空间的户门	1.2	1.0	0.8
阳台下部门芯板	1.0	0.8	0.6
外窗（不论窗墙比大小）	1.2	1.0	0.8
部位	绝热材料热阻 R [(m² · K) /W]		
周边地面	2.0	3.0	4.0
地下室外墙（与土壤接触的外墙）	2.0	3.0	4.0

表7 　　　　　　　　　　　严寒 B 区围护结构部位热工性能限值

节能级别	III	IV	V
节能等级	一般节能	较好节能	良好节能
分值	10	20	30
部位	传热系数 [W/（m²·K）]		
屋面	0.2	0.18	0.15
外墙 - 不高于 3 层	0.25	0.22	0.20
外墙 - 高于 3 层		0.35	0.30
架空或外挑楼板	0.25	0.27	0.25
非采暖地下室顶板	0.25	0.27	0.25
分隔采暖域非采暖空间的隔墙	1.0	0.6	0.5
分隔采暖域非采暖空间的户门	1.0	1.2	1.0
阳台下部门芯板	1.0	1.0	0.8
外窗（不论窗墙比大小）	1.5	1.2	1.0
部位	绝热材料热阻 R [（m²·K）/W]		
周边地面	1.7	2.0	3.0
地下室外墙（与土壤接触的外墙）	1.8	2.0	3.0

表8 　　　　　　　　　　　严寒 C 区围护结构部位热工性能限值

节能级别	II	III	IV
节能等级	一般节能	较好节能	良好节能
分值	10	20	30
部位	传热系数 [W/（m²·K）]		
屋面	0.25	0.2	0.18
外墙 - 不高于 3 层	0.3	0.25	0.22
外墙 - 高于 3 层			0.35
架空或外挑楼板	0.30	0.25	0.27
非采暖地下室顶板	0.35	0.25	0.27
分隔采暖域非采暖空间的隔墙	1.2	1.0	0.6
分隔采暖域非采暖空间的户门	1.2	1.0	1.2
阳台下部门芯板	1.0	1.0	1.0
外窗（不论窗墙比大小）	2.0	1.5	1.2
部位	绝热材料热阻 R [（m²·K）/W]		
周边地面	1.4	1.7	2.0
地下室外墙（与土壤接触的外墙）	1.50	1.8	2.0

表 9 寒冷地区围护结构部位热工性能限值

节能级别	I	II	III
节能等级	一般节能	较好节能	良好节能
分值	10	20	30
部位	传热系数 $[W/(m^2 \cdot K)]$		
屋面	0.30	0.25	0.2
外墙 – 不高于 3 层	0.35	0.3	0.25
外墙 – 高于 3 层	0.50	0.45	0.40
架空或外挑楼板	0.35	0.30	0.25
非采暖地下室顶板	0.50	0.35	0.25
分隔采暖域非采暖空间的隔墙	1.5	1.2	1.0
分隔采暖域非采暖空间的户门	1.5	1.2	1.0
阳台下部门芯板	1.2	1.0	1.0
外窗（不论窗墙比大小）	2.5	2.0	1.5
东、西向外窗夏季遮阳系数（寒冷 B 区）	0.35	0.35	0.35
部位	绝热材料热阻 R $[(m^2 \cdot K)/W]$		
周边地面	1.10	1.4	1.7
地下室外墙（与土壤接触的外墙）	1.20	1.50	1.8

选项二：建筑围护结构热工性能权衡判断。

建筑围护结构热工性能权衡判断应以参照建筑物的耗热量指标（基准为 JGJ-26 – 2010 表 A.0.1 – 2）与建筑物空调耗冷量指标之和为基准，计算得到设计居住建筑的建筑物能耗采暖和空调能耗之和相对于该基准的节能百分比。

表 10 建筑围护结构热工性能权衡判断评分表

	评价基准	节能百分比	得分
基本得分	参照建筑物的耗热量指标（基准为 JGJ-26 – 2010 表 A.0.1 – 2）与空调耗冷量指标之和。	0% —30%	每个百分点得 1 分，最低为 0 分，最高为 30 分。
额外加分		>30%	每比 30% 多一个百分点，额外加 2 分，无最高封顶。

当节能百分比低于 30% 时，每多 1 个百分点，得 1 分。当围护结构热工性能权衡计算得到的节能百分比超过 30% 时，每提高 1 个百分点额外加 2 分。

3. 可再生能源

提高可再生能源在建筑能耗中的比例，减少化石能源的使用，是降低建筑碳排放的重要途径。住建部明确提出，到 2020 年要实现可再生能源在建筑能耗中的比例达到 15% 以上。设立该指标的目的在于鼓励和指导可再生能源在建筑中的使用。对该指标的控制和评估采取两种办法，两者可任选其一进行评估。选项一为选取可再生能源在建筑和社区中应用最广、具有普遍性的太阳能光电、光热和可再生能源供暖三种具体方式作为考核指标，指标简单，数据可获得性高，目的在于通过多个指标考核推动可再生能源的利用。选项二为直接计算可再生能源占建筑运行总能耗的比例，这种方式清楚直观。对可再生能源使用超过预期的建筑设置了加分，以鼓励可再生能源的使用。

（1）选项一：多指标控制

① 太阳能热水

相对太阳能其他利用方式（太阳能光伏发电等）而言，太阳能光热成本较低，技术成熟，经济性好，对光照强度要求较小，已经成为可再生能源利用最普遍的手段之一。为简单起见，采用户均太阳能热水器集热面积作为评估指标，计算公式为：

户均太阳能热水器集热面积 =（住区太阳能热水器总集热面积）／（住区用户总数）

具体评价方法是，对于 12 层以下住宅安装太阳能热水器，且户均集热面积大于 1 平方米时，可得分。户均太阳能热水器集热面积越大，得分越高（见表 11）。

表 11   **太阳能热水评分表**

户均太阳能热水器集热面积（平方米）	分值
1	3
1.5	4
2 以上	5

② 太阳能光电照明

主要指住区室外公共照明，包括路灯、草坪灯、景观灯等应用太阳能光电照明，如选用超高亮半导体 LED 灯等。评价方法是，以住区公共照明采用太阳能光电照明比例为考核指标，该指标大于 60% 时，可得分，评分表见表 12。

表 12   太阳能光电照明评分表

太阳能光电照明占公共照明比例	分值
60%	1
80%	2
100%	3

③可再生能源采暖

根据住区所在地域的实际条件，在采暖系统中利用水源热泵（江水源、污水源、中水源等）、空气源热泵、地源热泵、工业余热供暖等技术均视为可再生能源采暖，计算方法采用住建部《可再生能源建筑应用城市示范实施方案》中的计算公式。具体评价方法是，可再生能源占住区采暖总面积比例达到10%时，可得分，评分表见表13。

表 13   可再生能源采暖评分表

可再生能源采暖占总采暖面积比例	分值
10%	3
15%	4
20%	5

为鼓励尽可能多地利用可再生能源采暖，该指标采用额外加分的办法，可再生能源采暖占总采暖面积比例超过20%时，每增加2%额外加1分。

（2）选项二：综合指标控制（可再生能源占总能耗比例）

在建筑中利用生物质能源、太阳能、风能、地源热泵等可再生能源，其总量占建筑运行总能耗的比例，是一项综合指标。只要安装了计量监测设备，该项指标易于考核评估，也有利于鼓励多种可再生能源的综合利用。评价方法是，在住宅设计阶段利用计算机模拟确定可再生能源占住区总能耗的比例，并在运行阶段进行实测，评分表见表14。

表 14   可再生能源占总能耗比例评分表

可再生能源使用比例（%）	分值
5	8
10	12
15	15

为鼓励采用多种措施尽可能多的综合利用可再生能源，对该指标实行额外加分的办法，当可再生能源占建筑总能耗的比例超过 15% 以后，每超过 2% 额外加 1 分。

四 低碳标准引领建筑领域可持续消费的讨论

建筑领域的消费活动非常广泛，它包括建筑运行过程中的采暖、空调、热水、照明、炊事和电器等使用的消费活动，基本上覆盖了人的所有室内活动，这些活动都要消耗能源和资源，而消耗能源和资源的多少，与建筑的设计、建造密切相关。除了建筑运行过程的消费，新建建筑在建造过程中，还要使用钢铁、有色金属、水泥、玻璃、塑料等建筑材料，在这些建筑材料的制造、运输、能源生产及加工，以及建筑建造和废弃拆解等为建筑服务的环节也消耗能源和资源。随着人们经济收入水平的提高，人们对生活环境的要求越来越高，建筑领域消费的能源和资源也将越来越多。因而，倡导可持续消费，建筑领域是非常重要的领域。然而，绝大多数人是建筑的被动接受者，建筑一旦建成，其能耗强度基本上已经锁定，尽管人的活动习惯会有一些影响，但差异相对较小。可见，通过建筑标准引领建筑的设计、建筑，进而引领建筑领域的消费，具有特别重要的作用。

本文介绍的北方居住建筑低碳标准是在研究参考国内外大量绿色建筑标准、节能建筑标准，并深入剖析、提炼我国北方地区第一个三星级绿色建筑实例的基础上制定的，其特点是在强调建筑本体节能的前提下，鼓励提高可再生能源的利用比例，符合低碳建筑的发展趋势和我国国情，具有较强的针对性和可操作性。从引领可持续消费来讲，有几个问题需要进一步讨论。

第一，低碳建筑的成本问题。现在有一种误解，认为低碳建筑一定是高成本的。本文介绍的低碳建筑标准，强调的是建筑设计理念的变革，不是节能技术的堆砌。按照本标准实施，不会增加太多额外的建造成本。事实上，随着可再生能源技术的进步和应用成本的下降，低碳建筑额外增加的成本也在快速下降。根据相关报道，2014 年 2 月，英国的零碳建筑额外成本与 2011 年相比已经减半，目前每套 5000 英镑即可实现，预计到 2020 年成本将继续下降到 3500 英镑，每户每年节省的能源费用将超过 1850 英镑[①]。也就是说，从生命周期来看，零碳建筑将成为负成本的消费活动。

第二，低碳建筑标准推广应用范围问题。引导可持续消费需要全社会的广泛参与，本标准仅适用于北方采暖地区的居住建筑，由于北方严寒、寒冷地区与夏热冬冷地区、夏热冬暖地区的建筑差异较大，居住建筑与公共建筑也明显不同，要通过标准引领可持续消费，需要建立完整的低碳建筑标准体系，进一步扩展到不同气候带的标准和公共建筑标准，以便推动各个地区、不同类型的建筑都走上低碳化道路。

第三，引领建筑领域可持续消费的政策问题。建筑消费行为与普通消费品的消费行为有较大差异，建筑的生产者是开发商，消费者是居民或公共建筑的经营者，购买建筑是一笔巨大的投资，购买者首先关注的是建筑的区位、居住环境等建筑本身的功能，而能否节能则是次要的考虑。另外，建造低碳建筑增加的额外成本由开发商承担，而节能带来的收益由购买者获得，由此可能导致两种倾向，一是开发商不愿承担额外的建造成本，二是开发商建造低碳建筑后以高成本的名义高价出售，影响消费者的购买意愿。建筑领域消费行为的特征，使市场主体难以通过自觉行为达到可持续的目的。由于节能和控制温室气体排放事关国家能源安全和全球气候变化，具有很强的公共性质，需要在国家政策层面上大力推行。首先，要制定低碳建筑的国家标准，广泛推广应用。其次，要研究推行低碳建筑标准的政策问题，是像绿色建筑标准一样，采用经济激励政策推行，还是如同建筑节能标准，实行强制推行，需要深入研究，以保证在较低的社会成本下广泛推行。

参考文献

［1］ http//www. unep. org/sbci/pdfs/Buildings and ClimateChange. pdf.

［2］ Department for Communities and Local Government of UK, 2010: *Code for*

---

① 参见：http://www. lowcarbonbuildings. org. uk/cost - of - building - a - zero - carbon - home - halved/。

Sustainable Homes-Technical Guide. www. communities. gov. uk.

［3］ Scottish Building Standards Agency, 2007：*A Low Carbon Building Standards Strategy for Scotland* www. sbsa. gov. uk.

［4］Danish Building Research Institute, Aalborg University. 2008：*European national strategies to move towards very low energy buildings*. www. sbi. dk.

［5］European Council for an Energy Efficient Economy. 2009：*Net zero energy buildings：definitions, issues and Experience.*

［6］《建筑围护结构国外先进节能法规标准和技术跟踪研究》项目报告，科技部社会公益研究专项（2005DIB5J199），2009。

［7］杰里米·里夫金：《第三次工业革命》（中文版），中信出版社 2012 年版。

［8］江亿、林波荣、曾剑龙、朱颖心等：《住宅节能》，中国建筑工业出版社 2006 年版。

［9］清华大学建筑节能研究中心：《中国建筑节能年度发展研究报告（2012）》，中国建筑工业出版社 2012 年版。

［10］韩文科、康艳兵、刘强等：《中国 2020 年温室气体控制目标的实现路径与对策》，中国发展出版社 2012 年版。

［11］住建部，《绿色建筑评价技术细则（试行）》，2007，http：//doc. mbalib. com/view/b0f0943617457b4fa28603a972950e25. html。

［12］住建部科学技术司，《绿色建筑评价标识管理办法（试行）》，2007，http：//www. mohurd. gov. cn/zcfg/jsbwj _ 0/jsbwjjskj/200708/t20070827 _ 158564. html。

［13］中新天津生态城管委会，《中新天津生态城绿色施工技术规程（征求意见稿）》，2009，http：//wenku. baidu. com/view/593405bff121dd36a32d8214. html。

［14］中新天津生态城管委会，《中新生态城绿色建筑设计标准（征求意见稿）》，2009，http：//wenku. baidu. com/view/20b00e7da26925c52cc5bf15. html。

［15］《民用建筑节水设计标准 GB 50555—2010》，2010。

［16］《严寒和寒冷地区居住建筑节能设计标准 JGJ 26—2010》，2010。

［17］美国绿色建筑协会，《LEED 2009 for New Construction and Major Renovations Rating System》，2010，http：//bbs. topenergy. org/thread-62557 - 1 - 1. html。

［18］住建部：《关于进一步推进可再生能源建筑应用的通知（财建［2011］61 号）》，2011。

［19］《绿色建筑评价标准 GB50378 - 06》，2006。

［20］赵文耕：《住宅用节水器具简介》，《给水排水》2005 年第 31 期，第 93—

96 页。

［21］ 国家质量监督检验检疫总局：《城市污水再生利用城市杂用水水质 GB/T 18920—2002》，2002。

［22］ 国家质量监督检验检疫总局：《城市污水再生利用环境景观用水水质 GB/T 18921—2002》，2002。

农村工业源重金属污染对粮食消费安全的影响证据

李玉红

【内容摘要】 土壤重金属污染被环境学界比喻为"化学定时炸弹",但学术界对农村工业中的重金属污染问题重视不够。本文通过对第一次全国经济普查和近几年全国规模以上工业企业调查数据的分析发现:(1)我国大部分重金属污染企业都位于农村地区,农村地区工业源重金属污染形势严峻;(2)企业技术水平低、布局分散以及经济增长驱动下的快速发展,是造成农村工业重金属污染加重的直接原因;(3)主要粮食主产区同时也是重金属污染企业较多的地区,这是我国粮食安全的重大隐患。由于重金属污染的不可逆性,各级政府必须彻底扭转"先污染、后治理"的常规思路,从源头上控制农村地区的重金属污染,对重金属污染行业的布局进行科学规划。

【关键词】 镉米 农村工业化 污水灌溉 环境库兹涅茨曲线 粮食安全

引 言

近年湖南大米镉污染事件在社会上引起巨大反响,引发了社会公众对农产品质量的恐慌。继2009年以来频繁发生的群体性血铅中毒事件之后,重金属污染又一次成为全社会关注的焦点。我国农村重金属污染相当严重,据调查,六分之一(2000万公顷)以上的耕地受重金属污染,受污染的粮食达1200万吨(吴晓青,2012),形势非常严峻。农村重金属污染的来源是多方面的①，在快速工业化和城镇化的背景下，工业污染源的排放强度最高，从而危害也最为严重，这对农民健康、粮食安全和农村可持续发展都形成了巨大的威胁②。

重金属污染是环境科学、农业科学和食品安全等学科的研究重点和热点，但在社会科学领域中，对重金属污染研究并不多见。这可能与社会科学研究中存在的现实困难有关，如环保部公布的数据以城市为主要调查对象，缺乏农村地区的统计信息；企业环境指标以化学需氧量（COD）、二氧化硫（SO_2）等污染物为主，一般不含有重金属排放统计；农业部乡镇企业局公布的数据过于笼统，掩盖了高污染细分行业的信息。基本数据的不完整使得从产业或企业层面对我国农村地区重金属污染的实证研究非常少见。这也导致有关部门在制定相关政策时缺乏必要的研究基础，容易误判形势，造成农村地区的重金属污染问题进一步恶化。

治理重金属污染，既要从科学技术上有所突破，更要分析其发生的社会经济根源，从源头上加以控制。本文对我国农村工业源重金属污染展开研究，分析重金属污染的社会经济机制和对策。本文的特色在于，采用企业层面的经济普查数据和年度数据，从污染来源角度分析我国农村的重金属污染。从而克服当前农村重金属排污信息缺乏的"瓶颈"。

本文内容安排如下，首先介绍我国农村工业源重金属污染现状和污染企业概况，第二部分重点分析重金属污染对农村社会经济的两大威胁，第三部分考察农村地区重金属污染行业发展的原因，第四部分讨论重金属污染的特殊性及其治理思路，最后一部分是结论。

---

① 农村重金属污染既来自农业自身污染，如磷肥含镉，农药含汞、砷等，也来自农村外来污染，如工业企业"三废"排放、城市垃圾堆积、交通工具排放等等。

② 根据第二次全国土地调查资料，我国大约有5000多万亩耕地为中重度污染，都是经济发展比较快、工业比较发达的东中部地区。

一　农村工业源重金属污染与污染企业概况

（一）农村工业源重金属污染概况

重金属[①]污染是指现代人类工农业生产活动排放的重金属超过环境容量所造成的污染。重金属污染是对环境污染最严重和对人类威胁最大的污染之一，大多数重金属具有可迁移性差、不能降解等特点，能在水生生物和农作物中大量富集，对生物体产生毒性，危害人体健康（腾葳等，2010）。

农村工业重金属污染由来已久。传统乡镇企业布局分散、规模小、设备陈旧、工艺落后和技术水平低，又被局限于资源加工等重污染行业，环境治理滞后，造成了严重的资源浪费、环境污染和生态破坏问题（姜百臣，李周，1994；李周等，1999）。1995年，我国乡镇企业工业废水中重金属（铅、汞、铬、铜）排放量达到1321.4吨，占全国总量42.4%；砷排放量1875.3吨，占63.3%[②]。1996年《国务院关于加强环境保护若干问题的决定》明令取缔关停的十五种重污染小企业，至少6种与重金属排污直接相关。

2007年，国家环保总局等有关单位组织了第一次全国污染源的普查，我国工业排放总铬、汞、铅和镉合计1872.2吨，砷185.0吨，污染形势非常严峻。但是，这次普查并没有区分城市工业和农村工业排放源，因此无法估计农村工业源重金属排放情况。但是，从两个方面可以管窥农村工业源重金属污染的严重性，第一是最近几年我国发生的多起群体性血铅中毒事件，绝大部分都发生在农村地区；第二，从政府对重金属污染企业的整治情况来看，相关企业的污染情况相当严重。2009年以来，环境保护部等九部门在全国集中开展重金属污染排查专项行动，检查涉铅、镉、汞、铬和类金属砷企业9123家，查处环境违法企业

---

① 重金属有多种不同定义，科学界把比重大于5的金属称之为重金属，如铜、锌、铅、镉、铬、汞、镍等约45种。环境领域指的是对生物有明显毒性的金属或类金属。一般常见的，对生物毒性较大的重金属有铬、铅、镉、汞和类金属砷。

② 国家环境保护局、农业部、财政部、国家统计局：《全国乡镇工业污染源调查公报》，1997年12月23日。

2183 家①，占 23.9%。2010 年，共排查重金属排放企业 11515 家，查处环境违法企业 1731 家②，占排查企业的 15.0%。2011 年重点整治铅蓄电池企业，共排查 1962 家，其中，取缔关闭、停产整治和停业共 1585 家③，80.8%的电池企业违法排污。

（二）农村重金属污染企业概况

1. 数据说明

本文使用的是 2004 年第一次全国经济普查的企业数据和 2004—2009 年主营业务收入在 500 万元以上（简称规模以上）企业数据。企业数据的优点是可提供大量信息，能够揭示汇总数据所掩盖的结构特征，如行业信息可以具体到四位数代码，根据企业所在位置判断其城乡属性等等。

2. 变量的界定

（1）农村企业

在我国行政区划中，农村和城市所对应的最基层组织分别是村民委员会和居民委员会。根据我国《村民委员会组织法》和《居民委员会组织法》，村民委员会是农村村民基层组织，居民委员会是城市居民基层组织，因此可以根据村委会和居委会来反推该地为农村还是城市。如果企业所在地为居民委员会，那么，判定企业位于城市，属于城市企业；如果企业所在地为村民委员会，那么所在地区为农村，企业属于农村企业。我国企业调查中，统计部门负责填写企业的行政区划代码，因此代码可靠性很高。该代码由 12 位数字构成，最后三位是村委会和居委会码，对居委会和村委会进行标识。

（2）重金属污染行业

工业生产中很多工艺和产品都使用重金属，因此重金属污染来源非常广泛。为了区分不同行业的污染强度，本节筛选出高污染的重点行业，这更具有针对性。我国《重金属污染治理"十二五"规划》确定了 6 类重

---

① 环保部环境监察局：《找准重点、重拳出击、确保重金属排放企业专项整治取得实效》2010 年 6 月 1 日。

② 周文颖：《国务院九部门联合召开电视电话会议部署 2011 年环保专项行动 严厉打击环境违法行为 让人民群众远离污染危害》，《中国环境报》2011 年 3 月 29 日。

③ 张秋蕾：《国务院九部门联合召开 2012 年全国整治违法排污企业保障群众健康环保专项行动电视电话会议》，《中国环境报》2012 年 3 月 21 日。

点污染行业，其中 5 类与工业生产有关。对应的行业代码分别是：有色金属矿采选业（09），皮革鞣制加工（1910），毛皮鞣制加工（1931），无机酸制造（2611），无机盐制造（2613），涂料制造（2641），颜料制造（2643），初级形态的塑料及合成树脂制造（2651），常用有色金属冶炼（331），贵金属冶炼（332），稀有稀土金属冶炼（333），金属表面处理及热处理加工（3460），电池制造（3940）。除此之外，本文加上印制电路板（4062），尽管是高科技行业，但是也产生重金属。

按照污染来源，本文把这些行业分为两类，分别是矿产型污染和制造型污染，前者指的是人类有意识、有目的地从自然界中获取重金属，在开采和冶炼过程中造成的污染，包括有色金属开采业和有色金属冶炼业，这类行业通常接近矿产资源产地，由资源禀赋的丰裕程度所决定；后者指的是人类在工业品制造环节中，重金属作为生产的副产品所产生的污染。该类行业与矿产资源产地无关，而与国民经济增长有密切关系。

3. 农村重金属污染行业在国民经济中的地位

根据第一次经济普查资料，2004 年，农村地区重金属污染行业共有 3.5 万家企业，占农村工业企业总数的 3.6%，就业数 194.6 万人，销售收入 5041.0 亿元，分别占工业总量的 3.8% 和 5.3%。从所有制来看，私营企业居多，占 67.7%，集体企业占 15.6%，二者共占 83.3%。农村重金属污染企业数量多，但是企业规模较小，劳动生产率较低。

农村企业具有重金属污染偏向，首先，在城乡分布上，农村重金属污染企业占 74.1%，就业人数和销售收入超过或接近 50%，经济总量已经超过了城镇。其次，在产业结构上，农村重金属污染企业数比重比城市高 0.7 个百分点，其中，矿产型污染企业贡献了 0.49 个百分点，制造型污染企业贡献 0.21 个百分点。

表 1 农村重金属污染行业在国民经济中的地位（2004）

行业	农村			城市		
	企业数	就业数（万人）	销售收入（亿元）	企业数	就业数（万人）	销售收入（亿元）
有色金属矿采选业	5355	42.1	602.9	733	14.4	299.4
有色金属冶炼	4140	39.2	1552.5	1383	46.7	1722.6
皮革毛皮鞣制加工	2259	14.3	430.7	525	4.7	124.8
化学原料	15069	50.7	1514.4	5812	40.3	1675.6
金属表面处理	5831	23.1	312.1	1901	8.0	127.6

续表

行业	农村			城市		
	企业数	就业数（万人）	销售收入（亿元）	企业数	就业数（万人）	销售收入（亿元）
电池制造	1419	13.9	284.9	1128	20.3	511.7
印制电路板	827	11.3	343.6	689	18.6	649.2
国有企业	2855	40.5	1030.4	1896	58.5	1583.5
集体企业	5426	27.2	651.3	1931	11.8	210.2
股份制企业	484	12.8	439.6	292	17.4	935.9
私营企业	23439	82.5	1649.0	6330	27.7	543.9
港澳台企业	1235	17.0	460.2	779	16.8	567.9
外资	938	13.3	797.6	802	20.6	1267.1
重金属污染合计	34900	194.6	5041.0	12171	153.1	5110.8
所占比重（%）	74.1	56.0	49.7	25.9	44.0	50.3
全部工业合计	957317	5143.6	94445.9	418235	4404.6	123997.4
占全部工业比重（%）	3.6	3.8	5.3	2.9	3.5	4.1

注：对企业注册类型进行了合并，把联营企业中与国有企业联营类型归并为国有企业，有限责任公司归并为国有企业。股份合作制企业归为集体企业。这里没有报告其他类型企业（约500 家）。

数据来源：2004 年第一次全国经济普查企业数据。

二 农村工业源重金属污染的社会经济影响

（一）影响当地农民和儿童身心健康

按照国家规定，重金属污染企业须在居民区安全防护距离之外，并对"三废"进行处理。然而，现实中，很多农村地区的重金属污染企业紧邻居民区，且污染排放达不到安全标准，引发了多起环境事故，对当地农村尤其是儿童的身心健康造成极大的伤害。

以重金属铅为例，人体中铅含量超标后，对神经系统、造血系统、心血管系统、消化系统、生殖泌尿系统、骨骼系统、免疫系统和内分泌系统都会产生危害，尤以儿童受害最大（腾葳等，2010）。根据最近几年的新闻报道，本文汇总了自2006 年迄今共21 起群体性血铅中毒事件。这些事件有如下特点：第一，绝大多数发生在农村地区，以镇辖区居多。在 21 起事件当中，3 起发生在乡辖村，15 起发生在镇辖村，1 起发生在街道辖村，2 起发生在工业区内辖村。既有经济发展比较落后的农业县乡，也有经济相对发达的城市郊区。

第二，除了云南昆明事件与工业排污没有关系外，95.2% 的污染事件是工业排污导致。

第三，污染事故来源从矿产型污染转向制造型污染。2009 年之前，污染事故以铅锌冶炼厂为主，在此之后，电源生产企业居多数。21 起事故中，有 11 起是电源生产企业，占 52.4%，9 起为冶炼企业，占 42.9%。

第四，污染企业并没有集中在工业园区。像电池生产这类高污染企业，一半以上没有布局在工业区，造成分散污染。

从这些事件中也可看出，最近两年新闻报道的血铅超标事故明显减少，这说明自 2009 年政府开始加强管制后，重金属污染治理具有很好的效果。

表 2 　　　　**2006 年以来我国血铅群体性超标事件不完全统计**

地区/发生时间	污染来源*	在工业区	受害人
甘肃省天水市麦积区甘泉镇吴家河村/2006 年 1 月	铅厂、锌厂	否	50 名儿童全部血铅超标。
青海省湟中甘河滩镇元山尔村/2006 年 3 月	铅业企业	是	村里 200 多名儿童全部血铅超标。
甘肃省徽县水阳乡新寺村、牟坝村/2006 年 8 月	铅锭冶炼厂	否	373 名儿童中，90% 以上血铅超标。
河南省卢氏县范里镇东寨村、南苏村/2006 年 12 月	有色金属冶炼厂	否	两村人口在 2000 人左右，高铅血症 334 人。
陕西省凤翔县长青镇马道口村、孙家南头村/2009 年 8 月	铅锌冶炼企业	是	731 名 14 岁以下儿童中，84.1% 超过相对安全区间，其中，42.4% 达到血铅中毒水平。
福建省龙岩县蛟洋乡蛟洋村/2009 年 9 月	铅酸蓄电池厂	否	80 多名儿童在体检后查出血铅超标。
湖南省武冈市文坪镇横江、双江、宏顺、石井 4 个村/2009 年 8 月	精炼锰厂	否	1958 名儿童中，有 1354 人血铅疑似超标。
云南省昆明市东川区铜都镇营盘村和大寨村/2009 年 8 月	与企业排污无直接相关性	是	200 多名儿童在体检时被查出血铅含量超标。

地区/发生时间	污染来源*	在工业区	受害人
河南省济源市克井镇柿槟村、承留镇南勋村、思礼乡石牛村/2009 年 10 月	铅冶炼厂	否	柿槟村 14 岁以下儿童 452 人，只有 1 人血铅正常；南勋村 219 名 14 岁以下儿童仅 24 人没有超标；石牛村上百名儿童检测出血铅超标。
广东省清远市龙塘镇银源工业区/2009 年 12 月	电源企业	是	246 名儿童中，检测值 450 微克/升以上的儿童共 8 人，其余为正常及轻、中度超标。
江苏省大丰开发区河口村/2010 年 1 月	电源企业	是	110 个受检儿童中有 51 人血铅含量超标。
四川省隆昌县就渔箭镇 4 个村 12 个社/2010 年 3 月	合金企业	否	血铅含量异常共有 94 人。其中，儿童 88 人，成人 6 人。
湖南省嘉禾县广发乡白觉村、桂阳县浩塘乡元山村市/2010 年 3 月	未通过环评的非法冶炼企业	否	285 人检测，其中血铅超标人数为 152 人，血铅中毒人数 45 人（均为 14 周岁以下儿童）。
湖北省咸宁市崇阳县青山镇工业园区石垅村/2010 年 6 月	蓄电池企业	是	200 多村民和儿童做了检查，其中 30 人血铅超标，16 名为儿童。
江苏省新沂市高流镇高二村/2010 年 7 月	蓄电池企业	否	儿童 61 例，其中血铅超标的儿童有 4 例。
山东省泰安市宁阳县罡城镇辛安店吴家林村/2010 年 11 月	电源企业	否	145 人中血铅超标有 121 人。
安徽省怀宁县高河镇八一村/2011 年 1 月	电源企业	否	200 多名儿童中血铅超标儿童数量达 100 多名。
浙江省台州峰江街道上陶村、浮排村、葛家村/2011 年 3 月	蓄电池企业	否	501 名村民做了血铅检测，血铅异常的 139 人，其中儿童 35 人。
浙江省德清县新市镇孟溪村/2011 年 5 月	电池企业	否	已出监测结果的 317 人中，31 人血铅超标，其中儿童 11 人。
上海市浦东新区康桥镇康花新村/2011 年 9 月	蓄电池企业	是	1306 名儿童检测，49 人血铅超标。
江苏省沭阳县徐庄村/2013 年 05 月	电池厂	是	无正式统计。

注*：污染企业名称省略。

资料来源：根据人民网、新华网、新浪网、荆楚网、慧聪网、北方网等整理而成。

（二）农业减产及粮食安全

重金属对农业的最大危害是引起土壤重金属污染，使其长久丧失正常的种植功能，造成农业减产和农产品重金属含量超标，危及粮食安全和食品安全。

1. 污水灌溉。工业源重金属污染的主要途径是污水灌溉和大气沉降，以污水灌溉最为直接和严重。早在 20 世纪 60 年代，我国许多地方就把城市污水作为水肥资源，大力兴建污水灌渠①。

早期的城市污水成分比较单一，对北方干旱地区而言，污灌既补水又施肥，农业增收效果明显，一举多得。然而，随着城市工业的发展，污水成分日趋复杂，而相应的污水处理滞后，污水灌溉对农田造成了不同程度的污染和破坏。据第二次污水灌区环境质量状况普查统计（基准年为 1995 年），直接引用工业及城市下水道污水灌溉的面积为 51.2 万公顷，使用超过农灌水质标准的面积为 310.7 万公顷，占污灌面积的 85.9%。我国对造成污染比较严重的 22 个省 47 个污灌区的 20.7 万公顷耕地进行的调查结果表明，大约 90% 的重点污染区为重金属污染，相当部分的农田重金属含量已超过土壤环境质量 II 级标准，几乎所有农田上生长的农作物都受到一定程度的危害，表现为减产或农产品污染物超标。据 2000 年对 10 个省会城市的调查，有 7 个城市郊区农产品重金属超标率在 30% 以上（国家环保局，2005）。

2. 粮食主产区与重金属污染工业。平原地区既是我国工业经济最为发达的地区，也是我国耕地最好的地带，分布多个粮食主产区②。采矿型污染企业最多的湖南和河南两省，同时也是我国粮食产量最高的地区。湖南大米产量全国最高，而河南的小麦产量居全国首位。近年来，湖南的大米镉超标的新闻不断，这与当地开采和冶炼企业排污导致地表水重金属含量超标有密切关系。制造业污染企业最多的七个省市中，江苏、山东、河北与河南都是我国的粮食大省，这四个省的制造型污染企业数占全国的 38.2%，而小麦产量占全国的 63.1%，玉米产量占 30.1%，大米产量占 12.1%。

本文根据安全卫生距离简单估算重金属污染企业污染耕地的面积。安全卫生距离是企业与居民生活区的最近距离，与企业产量、风向和风

---

① 大型污水灌溉主要分布在我国北方大中城市的近郊区，如北京污灌区，天津武宝宁污灌区、辽宁沈抚污灌区、山西整明污灌区和新疆石河子污灌区。20 世纪 80 年代初，全国利用污水灌溉的农田面积为 140 万公顷，20 世纪 90 年代中期，达到 362 万公顷，占总灌溉面积的 7.3%，占地表水灌溉面积的 10%（国家环保局，2005）。

② 《全国主体功能区规划》将农产品主产区设定为限制开发区域，这类区域以提供农产品为主体功能，在国土空间开发中限制进行大规模高强度工业化城镇化开发，以保持并提高农产品的生产能力。《规划》确定了七个粮食主产区，即东北平原、黄淮海平原、长江流域、汾渭平原、河套灌区、华南和甘肃、新疆等。

速有关系。研究显示，铅冶炼企业卫生防护距离在 800 米以内，儿童血铅超标率达到 45.0%，建议防护距离至少 800 米，年产 10 吨以上安全距离至少 2000 米（许宁等，2012）。《铅锌行业准入条件》规定，大中城市及其近郊，居民集中区、疗养地、医院和食品、药品等对环境条件要求高的企业周边 1000 米内，不得新建铅锌冶炼项目。假设每个企业安全生产距离为方圆 1000 米，那么受企业直接污染的耕地大约为 1300 万公顷，这相当于全国耕地的 10% 左右①。虽然农村地区的重金属污染企业仅占工业总量的 3.6%，但是这些企业不仅占用质量较好的耕地，而且也污染了企业周边的土壤、大气和水系，对农业的危害很大。

重金属污染企业分布与粮食主产区分布有很大重合，这对我国粮食安全形成了一定的威胁。如果工业能够集中在城市，从而工业污染在城市中得到治理，那么区域内工农业都能够可持续发展。但是，如果工业污染企业向农村腹地分散，而污染又不能得到有效治理，那么，必然动摇农业根基，进而影响整个国家的可持续发展。

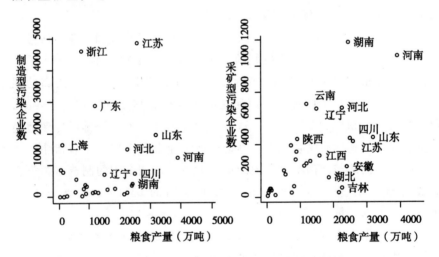

图1　2004 年粮食产量与农村制造型和矿产型重金属污染企业散点图
资料来源：2004 年第一次全国经济普查企业数据。

---

① 这个数字偏保守，企业污染范围可能更大，以企业排放废气为例，距离 13 公里以外为非污染区，3.5 公里之内为重污染区（腾葳等，第 181 页）。

三 农村工业源重金属污染的社会经济机制分析

（一）社会经济背景

1. 受国际产业转移影响，我国成为新的世界工厂，必然导致污染排放越来越多。随着我国对外开放的深入，尤其加入 WTO 之后，我国制造业发展迅速，已经成为新的世界工厂。发达国家在工业化兴起阶段，都排放了大量工业污染，经历了环境质量恶化的阶段。我国在工业崛起阶段也必然造成环境污染。

2. 地方政府发展经济动机强烈，但对环境问题重视不够。与世界工厂地位相呼应的是，国内各级地方政府为发展地方经济的动机非常强烈，但是在环境管理上相当滞后。改革开放后，乡镇工业迅速进入快速发展阶段，而环境管理工作却迟迟没有列入政府的议事日程，而有些官员片面地追求产值增长，对乡镇工业污染采取放任自流的态度，甚至对污染源企业采取变相开绿灯的做法，致使环境影响评价等制度形同虚设，对乡镇工业污染的加剧起了推波助澜的作用（李周等，1999）。时至今日，这一局面并没有根本改变，令人忧虑的是，地方政府竞相招商引资，以低廉的土地出让价格和其他各种优惠政策，建设各类工业区，但对高污染企业的环境表现把关不严，管理滞后，成为高污染企业的避风港①。

3. 城乡二元结构下环境管制的差异。我国长期实行城乡分治的户籍管理制度，城乡居民在经济、政治和社会等方面享有不同的国民待遇，形成"城乡分治、一国两策"的局面（陆学艺，2005）。二元结构下，

---

① 浙江省是全国制造型重金属污染的重灾区，大部分企业分布在乡村地区，1995 年乡镇企业重金属类排放占全国的 90.9%（范建勇，来明敏，1999）。温州电镀企业与皮革鞣制企业数量占全省总数的一半，而且这些企业中的 98% 都位于乡村：杭州、宁波、嘉兴三地的电镀企业数量都在 100 家以上，四分之三都设在乡村；湖州有 32 家铅蓄电池企业占全省的二分之一，全部位于乡村；台州有 11 家涉重金属矿采选和冶炼企业，占全省的三分之一，也都在乡村（王学渊，2012）。

城乡环境管制存在着差异①，污染企业趋向于农村。中科院国情报告（1995）发现，城市中落后的高污染技术和产业正在向周边农村地区转移或扩散，东部地区污染已呈现出从城市向农村迅速蔓延并逐渐连成一片的趋势。郑易生（2002）把乡镇工业看作是城乡间环境问题的一次大转移，认为20世纪90年代后期某些大中城市环境质量改善的一个重要原因是大城市强行关停了一些严重污染的企业，这些企业不少被转移到农村。这解释了中国环境质量"局部好转，总体恶化"的趋势。

（二）直接原因

1. 重金属污染企业数量有增多趋势。随着经济的发展，农村地区重金属污染企业数量逐年增多。以规模以上企业为例，2009年农村地区重金属污染企业数为11944家，比2004年增加了47.2%，年均增长8.0%。其中，增长最快的是电池制造业，年均增速14.1%。这也是近期我国农村地区血铅中毒事件频发的重要原因。如果考虑那些规模较小没有进入统计的小企业，重金属污染企业的数量会更多。

表3　　　　　　　　按行业分农村地区规模以上重金属污染企业数

年份	有色金属矿采选业	有色金属冶炼	皮革毛皮鞣制加工	化学原料	金属表面处理	电池制造	印制电路板	合计
2004	1184	1489	664	3247	864	416	252	8116
2005	1234	1484	632	3077	789	407	233	7856
2006	1496	1690	698	3315	861	436	240	8736
2007	1476	1678	618	3482	998	500	285	9037
2008	—	—	781	4414	1446	750	410	
2009	2036	2112	800	4391	1429	803	373	11944
年均增长（%）	11.5	7.2	3.8	6.2	10.6	14.1	8.2	8.0

资料来源：全国规模以上企业数据库。

---

① 差异是多方面的，在微观层面，农村基层环保管理几乎空白。我国县级以下行政区划不设立环保机构，江苏省、浙江省等乡镇企业发达省份在有条件的乡镇配备环保人员和机构，但是整体而言，农村环境管理"无机构、无人员、无经费"，是我国环境保护的薄弱环节。在宏观层面，环境管理沿袭了重城市、轻农村的二元治理思路。郑易生（2002）认为，我国环保政策长期存在着"重城市、轻农村"的倾向。现行的环境立法特别是污染防治立法，在适用的对象方面，突出表现出大中城市利益中心主义和大中企业中心主义的特征。适应乡镇和乡村企业环境的专门制度甚至可以说基本是空白（李启家，2000）。我国城乡规划、管理和建设方面，缺乏城乡统筹（李青，2012）。

2. 技术水平低。我国传统乡镇企业的技术设备一般从城市企业淘汰而来，设备陈旧、工艺落后。即使在现在，我国农村企业技术水平普遍偏低，以高学历人才为例，农村企业高学历人才比重仅有 8.0%，比城市企业低 9.4 个百分点，高技术产业如电池制造和印制电路板业的城乡差距更大。

表 4　　　　　　　　2004 年城乡重金属污染企业高学历人才比重

	有色金属矿采选业	皮革毛皮鞣制加工	化学原料	有色金属冶炼	金属表面处理	电池制造	印制电路板	全部
农村	6.1	5.6	10.2	7.7	4.8	10.1	8.7	8
城市	14.2	10.8	19.9	16.6	11.3	20	18.1	17.4

注：大专及以上学历占全部从业人数比重。

3. 企业布局分散。我国重金属污染企业布局相当分散，并没有因其高污染特征而有所集中。根据普查资料，2004 年，全国共有 2.1 万行政村有重金属污染企业，其中，每个村庄不到 2 家企业，60% 以上的村庄只有 1 家，只有 10% 左右的村庄内，污染企业数超过 3 家。开发区企业密度最高，但是与其他类型村庄密度差别不大。

当然，在大部分村庄企业分散的情况下，出现了少量专业化程度很高的工业村，比如铝加工专业村，皮革专业村，这些村庄依赖当地的资源优势和经营传统，实现了产业集聚。这有利于对污染的监管和集中处理。但是，这个比例并不大。

表 5　　　　　　　　2004 年我国重金属污染企业分布统计特征

行政区划	有企业的行政村数	平均每个村企业数	分位点									
			60	65	70	75	80	85	90	95	99	Max
镇辖村	14714	1.68	1	1	1	2	2	3	4	9	54	
乡辖村	3436	1.57	1	1	1	1	2	2	2	4	9	85
城中村*	2592	1.66	1	1	2	2	2	3	3	4	7	29
开发区	294	1.69	1	1	2	2	2	3	3	4	7	11
全部	21036	1.66	1	1	1	2	2	2	3	4	8	85

注：* 街道辖内村委会。

数据来源：2004 年第一次全国经济普查企业数据。

当前，由于准入条件的限制，高污染企业常常难以进入工业园区（郑玉歆，2012）。很多工业园区限制"两高"企业入园，而有些偏远地带的乡镇选择的余地小，对高污染企业放开限制，造成重金属排放企业较为分散的布局。

四　重金属污染治理的特殊性

（一）重金属污染具有不可逆性

每一种污染物都具有独特的危害，但是，重金属污染不同于一般的污染物的特征在于其不可逆性。具体来看，重金属污染的特性有：

第一，难以修复。重金属污染物进入土壤是一个不可逆的过程。一般而言，大气和地表水受到污染后，如果切断污染源，可以通过稀释作用和自净化作用使得污染得以逆转（郑玉歆，2012），然而，重金属污染物最终形成难溶化合物沉积在土壤环境中，即使污染源消失，土壤中的污染还在。因此，土壤一旦遭受重金属污染将在短期内很难恢复。我国沈阳、抚顺污水灌溉区遭受土壤重金属污染后，采用了施加改良剂、深翻、清水灌溉、植物修复等各种治理措施，经过十多年的努力，付出了大量劳动与代价，但收效甚微（郑国璋，2006）。

第二，在食物链中累积。重金属具有可转移性差和不能降解等特点，因此即使浓度很低，也能在藻类等植物和水体底质中蓄积，并经过食物链逐级浓缩累积而造成危害。水俣病就是含甲基汞的工业废水通过食物链和生物浓缩后使生物中毒，人食用有毒生物后，由于摄入甲基汞而引起发病。镉也有累积性，如水稻吸收水中的镉。

第三，在人体内潜伏时间长，具有很强的隐蔽性。日本富山县神通川流域部分地区的居民因长期饮用受镉污染的河水（含镉达每升 100 微克）和食用含镉的大米（每升 1 微克）而死亡 207 人（截至 1977 年）。痛痛病从 20 世纪 50 年代出现症状，到 70 年代发病死亡，经过十多年，是一种痛苦的慢性病，而且往往死于其他合并症（方如康，2007）。

（二）重金属污染治理思路

著名的环境库兹涅茨曲线呈现倒 U 形[①]，即环境质量随着经济增长

---

① 1991 年，Grossman and Kruger 在一篇有关北美自由贸易协定（NAFTA）环境影响的论文中，对世界各地城市空气质量与人均 GDP 的关系进行了研究，发现某些空气污染物浓度与人均 GDP 呈现出倒 U 形的关系（Grossman and Kruger，1991）。由于该图形与库兹涅茨提出的收入不平等曲线形状的相似，被后来的研究者（Panayotou，1993）称为环境库兹涅茨曲线（Environmental Kuznets Curve）。

先恶化再好转，其成立的前提之一是环境污染具有可逆性。然而，并不是所有的污染都具有此性质。以雾霾为例，它受气象条件影响很大，只要控制住人为排放，就很容易得到控制。如发达国家曾经有过的"伦敦雾"，控制住了煤炭燃烧，伦敦雾显著缓解并逐渐消除。但是，重金属与此不同。根据自然科学的研究，重金属在土壤中可迁移性差、不能降解，也就是说，一旦重金属从自然界的矿石中释放出来，根据物质守恒定律，它将一直活跃在生物圈，对生物体产生毒性，危害人体健康。

这对于重金属污染的治理提出了严峻的挑战，第一，耕地被污染就意味着废弃。就目前而言，重金属污染最有效的办法是土壤置换（郑国璋，2006），其经济成本很高。一般只有大城市的土地价格高到一定程度，土壤置换在经济上才是可行的。对于农用地来说，通过土壤置换的办法进行污染治理基本上是不可行的，污染就意味着废弃。第二，重金属污染的社会成本远远超过企业的经济收益。正是由于重金属污染的难以治理和土壤置换的高昂成本，治理重金属污染的成本要远远超过企业经济收益，从全局来看，乡村重金属污染企业得不偿失。

五 结论

本文采用普查数据和规模以上企业数据，分析了农村工业源重金属污染的社会经济机制，得到如下发现：

1. 农村地区聚集了一半以上的重金属污染企业，重金属污染形势严峻。

2004 年，农村重金属污染企业占全国的四分之三，农村产业结构中重金属污染比重偏高。企业技术水平低、布局分散以及经济增长驱动下的快速发展，是造成农村工业重金属污染的直接原因。

2. 农村重金属污染对农民健康和农业可持续发展形成巨大威胁。

最近几年我国大多数群体性重金属污染事件都发生在农村，对农民的身心健康和社会稳定造成严重的负面影响。重金属污染企业分布与粮食主产区有很大重合，我国粮食大省如湖南、江苏、河南、河北和山东，农村的重金属污染企业都相当多，而且大多数企业布局相当分散，是粮食安全的重大隐患。

3. 重金属污染具有不可逆性，不能抱有"先污染、后治理"的幻想，必须从源头上控制重金属污染。

以往对重金属污染的防治重视不够，认为像其他污染物一样，随着收入水平的提高，会有效治理污染，从而提高环境质量。但是，由于重金属污染不可逆，即使收入提高到一定水平，重金属污染也无法治理。因此，重金属污染不能与其他污染物的治理一概而论，必须区别对待，从源头上进行控制。

政策建议有三点：第一，重金属污染企业必须集中布局，扭转污染扩散态势。当前，由于准入条件的限制，高污染的企业常常难以进入工业园区，而造成重金属污染物排放企业的分布较为分散，污染大量耕地。从环境治理角度来看，这种工业布局不利于彻底治理重金属污染。对于农区的污染企业，一定要集中，如进入工业园区，尽可能减少占地面积，将污染面积控制在最小范围内，同时发挥工业园区在环境监管和治理方面的规模优势。

第二，加强对重金属污染排放的监测力度。当前对企业 COD、SO_2 和能源消耗的监测比较严格，但是，对重金属排放检测处于缺失状态。这不利于对重金属污染的监控和防治，应针对重点行业，加强对企业重金属污染物排放的实时监测，督促企业治理污染，通过治污提高产业科技水平。

第三，解决污水灌溉问题的关键是提高工矿企业的污水处理水平。2013 年，国务院办公厅发布了《近期土壤环境保护和综合治理工作安排》，规定禁止在农业生产中使用含重金属、难降解有机污染物的污水[①]。该政策出发点很好，但在确定责任主体上有一定偏差。排污者是企业，用污者是农民，如果排污者不治理污染，而又禁止农民用污水，那么要么农业减产，要么农民用成本较高的地下水（如果有的话）。在有更高收益的选择下，农民不会做低收益的选择。如果强制农民做低收益选择，让农民承担企业排污的社会成本，这样做有失公平。因此，关键问题是要提高城镇污水处理率，尤其是提高工矿企业的污水处理能力，真正做到"谁排污、谁治理"。

---

① 国务院办公厅：《近期土壤环境保护和综合治理工作安排的通知（〔2013〕7 号）》，2013 年 1 月 23 日。

参考文献

[1] Grossman, G. and Alan Krueger, "Environmental Impacts of A North American Free Trade Agreement", NBER working paper, no. 3914, 1991.

[2] Panayotou, T., Empirical Tests and Policy Analysis of Environmental Degradation at Different Stages of Economic Development, Working Paper WP238, Technology and Employment Programme (Geneva: International Labor Office), 1993.

[3] 方如康主编:《环境学词典》,科学出版社 2007 年版。

[4] 滕葳等:《重金属污染对农产品的危害与风险评估》,化学工业出版社 2010 年版。

[5] 吴晓青:《污染农村影响"美丽乡村"建设》,《西部大开发》2012 年第 11 期。

[6] 姜百臣、李周:《农村工业化的环境影响与对策研究》,《管理世界》1994 年 第 5 期。

[7] 国家环境保护总局编著:《全国生态现状调查与评估(综合卷)》,中国环境科学出版社 2005 年版。

[8] 第一次全国污染源普查资料编纂委员会编:《污染源普查数据集》,中国环境科学出版社 2011 年版。

[9] 王学渊、周翼翔:《经济增长背景下浙江省城乡工业污染转移特征及动因》,《技术经济》2012 年第 10 期。

[10] 李周、尹晓青、包晓斌:《乡镇企业与环境污染》,《中国农村观察》1999 年第 3 期。

[11] 范剑勇、来明敏:《浙江农村工业废水污染现状及其防治对策》,《管理世界》1999 年第 2 期。

[12] 郑国璋:《农业土壤重金属污染研究的理论与实践》,中国环境科学出版社 2007 年版。

[13] 郑玉歆:《我国土壤污染形势严峻,防治工作步伐急需加快》,载张晓编《中国环境与发展评论——中国农村生态环境安全》(第五卷),中国社会科学出版社 2012 年版。

[14] 陆学艺:《"三农"新论——当前中国农业、农村、农民问题研究》,社会科学文献出版社 2005 年版。

[15] 郑易生:《环境污染转移现象对社会经济的影响》,《中国农村经济》2002 年第 2 期。

[16] 中国科学院国情分析研究小组:《城市与乡村——中国城乡矛盾与协调发

展研究》，《资源节约和综合利用》1995 年第 3 期。

[17] 李启家：《中国环境法规》，载郑易生编《中国环境与发展评论（第一卷）》，社会科学文献出版社 2000 年版。

[18] 李青：《国土规划、区域发展与农村生态环境》，载张晓编《中国环境与发展评论——中国农村生态环境安全》（第五卷），中国社会科学出版社 2012 年版。

[19] 许宁、闫旭、胥占忠、薛诚：《铅冶炼业卫生防护距离标准探讨》，《环境与健康杂志》2012 年第 5 期。

北京："灾难性水缺乏"
时期的"奢侈型水消费"

胡勘平

一 北京处于"灾难性水缺乏"时期

中国水资源总量2.84万亿立方米，居世界第6位，而人均水资源量却排在全球第88位，远远低于世界平均水平。目前我国人均水资源量仅有2100立方米，是世界平均水平的28%。

无论是按照国际还是国内标准，北京近年来一直处于严重缺水状态。自1999年起，北京进入明显的降水不足时期，水资源危机呈加剧之势。2002年2月出版的《中国可持续发展战略报告》[1]公布，北京人均水资源为325立方米，列全国倒数第三。而到2010年，北京市政府在关于《北京市节约用水办法（修订草案送审稿）》的说明中提到，北京人均占有水资源量已经下降到150立方米左右。《北京市"十二五"时期水资源保护及利用规划》称，"按照此前近12年本地平均水资源量计算，人均水资源量仅为107立方米"[2]。该《规划》称，"与国内外大城市相比，北京市的人均水资源量远远低于其他城市"。按照联合国的标准，人均水资源占有量1000立方米以下为重度缺水，300立方米以下是"灾难性水缺乏"。参考联合国标准，我国也制定了"有中国特色"的缺水标准——人均水资源量低于3000立方米为轻度缺水；介于500至1000立方米的为重度缺水；低于500立方米的为极度缺水；300立方米为维持适当人口生存的最低标准。目前北京的人均水资源量，仅为我国

---

[1] 《中国可持续发展战略报告》（中国科学院可持续发展战略研究组编著），科学出版社2002年版。

[2] 《北京水务》2012年2期：《北京市"十二五"时期水资源保护及利用规划》。

"维持适当人口生存的最低标准"的三分之一。根据国务院批复的《北京城市总体规划》，该市应在 2020 年时将人口控制在 1800 万人，但到 2012 年，北京人口就已经突破 2000 万大关。由于用水人口规模进一步扩大等因素的影响，北京市的人均水资源量仍在继续下滑。据北京市水务局水资源管理处官员对央视调查记者介绍说，北京的人均水资源量大概只有沙漠国家以色列的三分之一。

北京正处于"灾难性水缺乏"时期，这是无可争议的客观事实。

水资源紧缺，已成为制约北京社会经济可持续发展的主要"瓶颈"。随着城市的快速发展，城市人口增加和城市功能拓展，水资源需求快速增长，水资源紧张状况日益显著。2013 年暑期，北京市区的日用水记录屡次突破历史峰值，8 月 26 日一度达到 298 万立方米，逼近现有供水能力的极限。国庆期间，北京城区共用水 1592 万立方米，日均供水量 227.4 万立方米。北京供水纪录屡次刷新，再次发出了水资源紧缺的警报。

北京水资源年均用量达 36 亿立方米，而年均水资源总量仅有 21 亿立方米，缺口达 15 亿立方米[①]。自 1999 年以来，北京已连续 14 年干旱，地下水位持续下降，平均每年下降 90 厘米，地下水已严重超采，包括永定河在内的北京依托的 21 条主要河流已全部断流。1999—2012 年，密云、官厅水库来水量 3.8 亿立方米，不足多年平均量的四分之一。北京市 17 座大中型水库总库容为 90 多亿立方米，但目前蓄水量不足 15 亿立方米。自 2008 年至今，北京地下水开采量维持在 25 亿立方米以上，占年用水量的 70% 左右，每年超采地下水总量近 8 亿立方米。南水北调中线干线北京段工程自 2008 年 9 月通水运行以来，已累计从河北岗南、黄壁庄、王快、安各庄 4 座水库调水 15 亿立方米，夏季输水高峰期占北京日供水量的三分之一。山西册田水库等水库也多次向北京集中输水。南水北调中线工程通水后，平均每年将为北京供水约 10 亿立方米，占北京年均用水量的四分之一强。北京的缺水状况，正如中国工程院院士、中国水科院水资源所所长王浩所说："把全世界缺水的报道集中起来，都不足以描述北京的水危机。"[②]

---

① 《新京报》2013 年 8 月 21 日（记者邓琦）：《北京年均缺水 15 亿立方米 人均水资源量不如北非》。

② 《瞭望东方周刊》2013 年 8 月 20 日（记者吴铭）：《院士王浩：尽快启动南水北调中线二期》。

普通北京居民对困扰他们所在城市的严重水危机状况所知甚少。2012 年 7 月，《人民日报》披露了北京一次街头社区调查的结果，76%的受访者并不知道北京是一个严重缺水的城市①。对于刚刚实施的《北京市节约用水办法》，受访者竟然无一人知晓。这一调查结果表明，今天在北京居住和生活的人，感觉不到缺水的仍然大有人在。究其原因，主要是因为北京老百姓们在日常生活中极少遇到因为供水困难而用水受限的情况。此外，这也肯定与媒体对北京水危机报道不够有关。

由于人们水危机意识淡薄，在这样一个极度缺水的城市，过度消耗水资源的现象并不罕见。在一些行业和领域，由于不合理的生产、生活方式和粗放的管理而造成的奢侈型水消费现象，却一直未得到根本性的遏制。洗浴中心（本文指大众便民浴池以外的高档洗浴场所，下同）和人造温泉、滑雪场、高尔夫球场以及洗车场等四个官方所称的"特殊行业"，就是最具代表性的例子。

党中央、国务院和北京市委、市政府的领导都对加强北京特种行业耗水管理作出重要批示，主管部门高度重视，迅即组织开展专项行动，取得了一定的成效。但这些行业所存在的问题，始终没有得到根本性的解决，很多经营场所和企业的水资源节约效果还不够突出，在节水型社会建设中的"短板"状况未得到根本改观，节水工作尚有巨大的提升空间。

二 高耗水特殊行业情况考察

（一）洗浴业

当代北京的洗浴业堪称一大奇观。洗浴业是几个高耗水特殊行业中与广大人民群众日常生活关系最为密切的行业之一。北京市洗浴业历史悠久，但直到近几年才呈现出爆发式的迅猛发展之势，水疗 SPA、洗浴中心、温泉会所……数以千计的洗浴场所星罗棋布于各个区县，其中的旗舰企业的浴场规模动辄数万乃至十几万平方米。北京的洗浴中心和人工温泉的数量正在快速增长，浴场规模之大、耗水之多、管理之乱都堪称空前，在国内外各大城市中也属罕见。

---

① 《人民日报》2012 年 7 月 11 日（赵品）：《北京严重缺水 市民水危机意识淡漠》。

2009 年，经英国吉尼斯总部核准，北京顺景温泉获颁证书——"全球最大室内温泉"。据介绍，这家室内温泉共设有 96 个造型各异的泡池、1300 米大型漂流河道等，可同时容纳 5000 人，总占地面积约 13 万平方米，泉眼深度约为 3500 米，平均日出水量达到 4000 立方米①。

在出现洗浴"巨无霸"的同时，北京洗浴中心的数量也在急剧增加。1989 年底，全北京市营业的浴池只有 39 家。到 2010 年，北京的洗浴场所已达 3000 多家②。

20 世纪 80 年代中期以前，人们往往花几毛钱在单位澡堂或公共浴池去洗澡，后来随着居住环境的改变，"洗澡不出门"成了人们新的生活方式。但近十年来，很多人又重新走出家门走进条件豪华、服务周到的洗浴中心洗澡、桑拿。据业内人士介绍，聚会选择去大型洗浴中心或商务会馆的人越来越多，这些地方的生意也因此异常红火。

业内人士称，洗浴中心火爆主要因为它是一种集餐饮、休闲、健身、娱乐、洗浴于一体的休闲场所，除了最基本的洗浴间外，往往还有表演舞台、餐厅、美容美发厅、健身房以及棋牌室等附属设施，不仅消费种类多，而且大都上规模、上档次，各类设施齐全，服务也十分完善，有自己的特色。

2008 年，首届中国温泉经济论坛曾发出警告，我国丰富的温泉资源正在遭遇大规模无序和过度开发，亟待出台相关法律法规和成立行业组织加以规范提升。由于温泉在采集、准入门槛、科学使用等诸多方面没有法律法规可循，一些地方的温泉开发存在不同程度的资源浪费、滥用甚至过度开发。北京不少温泉旅游项目在开发过程中，急功近利，缺乏保护和危机意识，随意、超量开采温泉资源，已经显现了多方面的地质隐患。

一般说来，温泉的形成需有地下热水存在，有静水压力差导致热水上涌，岩石中必须有深长裂隙供热水通达地面。北京很多号称温泉的洗浴中心靠的是打深井取地下水，其实不能称之为温泉。

北京人均综合用水量每天约 110 升。而洗浴行业人均每次消费 300 升以上，温泉洗浴的水消耗量更高一些。通俗地说，洗浴者到洗浴中心和人工温泉洗一次澡，比在家三天耗的水都多。这样的"时尚"，是北

---

① 《法制晚报》2009 年 12 月 2 日（记者暴春英）：《北京顺景温泉成为全球最大室内温泉》。

② 《北京晚报》2010 年 4 月 8 日（记者贾中山），援引自北京市水务局节水办。

京这个水资源极度匮乏的城市所无法承受的。

在无法限制企业发展和群众消费的前提下，降低洗浴业耗水量的出路，只能是节水。节水，必须成为洗浴业履行企业社会责任的重要内容，成为消费者洗浴过程中的自觉行为。然而，在洗浴中心，消费者和经营者往往都不拿节水当回事。在这里，人们感受不到用水的压力，对水的漫不经心和随意浪费随处可见。

笔者曾在一些洗浴场所做过非正式的调查，了解洗浴者对这一消费时尚和节约用水的看法。当问到洗浴耗水量时，洗浴者往往表示对此从未留意。有的顾客觉得自己反正是花了钱进澡堂，淋浴的时候就让水一直流淌着，对笔者"打浴液时关闭水龙头"的建议也不予理会。一位老先生的话很有代表性："想省水干吗要花钱来这儿？"

经营者在开展节水宣传教育方面也深有苦衷。某洗浴中心的一位经营者对笔者说："顾客来这儿就是图个放松，图个自在，图个随心所欲。节水对我们当然有利，但我们要是跟顾客讲节水，人家也许会觉得我们是在批评他，也许以后就不来我们这儿了。"另一洗浴中心经理告诉笔者，这家浴池是面向中高档消费者，收费标准为每人 168 元，包括游泳、洗浴、演艺、三顿自助餐和免费大厅休息等。他说，顾客的心理往往是觉得我花了钱，水资源消费得越多，自助餐吃得越多就越合算。对他们这种场所来说，节水教育如何开展是个难题。

提高消费者节水意识，洗浴中心完全可以有所作为。在洗浴处摆放或张贴节水提示，应该是很容易做到的。遗憾的是，笔者调查的洗浴中心中有超过一半都没有任何这方面的提示。洗浴中心节水要取得实效，现阶段比较切实可行且能立竿见影的办法就是采用新型的节水器具（如感应式喷头、脚踏式控水装置等）。令笔者感到困惑的是，这样的器具在京城洗浴中心很难见到。一位经营者的解释是："我们怕顾客会觉得用水受到限制，觉得我们太小气了。"

面对水资源的紧缺，北京市从 2009 年 12 月 20 号起执行新的非居民用水价格方案。调整后的洗浴业用水价格由 61.50 元/立方米提高到81.68 元/立方米，上涨了 20.18 元/立方米。北京市居民用水价格则由3.70 元/立方米调整为 4.00 元/立方米。业界人士对此举措能否遏制洗浴业的高耗水现象意见不一。据笔者了解，水价上涨后，一些花钱到浴室洗澡的消费者不仅没有节水，反而比以前更加浪费了。

（二）滑雪场

2013 年冬，北京始终没有出现降雪，而遍布于各郊区县的滑雪场所却依然银装素裹，生意火爆；城区的嬉雪乐园也四处开花，游客熙攘。这些场所的"雪"，无一例外是人工采水造出来的。众多人工造"雪"游乐项目在北京城区和郊区县火爆开业，成为这片缺水土地上的一大奇观。这些场所的水资源消耗和生态环境问题，也引起了媒体和公众的广泛关注。

在每个滑雪场，你都可以见到这样的场景：一架架巨大的造雪机喷吐着粗大的水雾，一条条雾龙在空中舞动着，须臾后落在地面上变成细碎的冰晶。一台台铲车把冰晶推向斜坡，铺成一条条熠熠闪光的"雪"道……

所谓人工造雪，就是通过造雪机将水注入专用喷嘴或喷枪接触高压空气，将水流分割成微小的粒子并喷入寒冷的外部空气中，这些微小粒子（小水滴）凝结成冰晶落到地面，就变成了人造雪。在滑雪场，工作人员会在造雪的同时开动铲雪车，把人造雪花铲到事先平整好的坡道上，做成雪道。

人工造雪在一些影视作品的冬景拍摄过程中经常被用来作为拟景手段。动物园为了给北极熊、企鹅等极地动物创造仿真环境，也会不惜成本地制造出冰天雪地。世界各地的滑雪场采用人工造雪也并不罕见。例如，在节水意识非常强的法国、美国，冬季时也会通过人工造雪满足冰雪运动爱好者的需求。1980 年 2 月，第十三届冬季奥运会在美国普莱西德湖畔举行，由于雪下得很少，当地就铺了将近一尺厚的雪，保证了比赛的顺利进行。但是，像北京这样在常态下完全靠人工造雪维持运营的滑雪场，在世界上其他国家并不多见。

以前人们提到滑雪，一般指的就是一种在自然雪地环境里的特种休闲活动或体育运动。如今在北京地区，"滑雪"的概念已经有了全新的含义，由于降雪不足和雪期缩短，各个雪场不得不采用人工造雪的方式来保证滑雪道达到雪量方面的标准要求。在这个过程中，滑雪渐渐地由一项亲近自然的活动转变为"亲近人工"的活动，成为一项需要以引入和消耗"客水"人工造雪为代价来支撑的大众时尚。

2010 年，圆明园遗址公园小南园地区建成开放了一条 200 多米长的雪道，人造雪深处厚度达 20 厘米以上。人造滑雪场和人造雪景引起了一些公众和媒体记者们的担忧。他们担心，人工造雪势必会造成水资源的浪费，对整体水系也有负面影响。圆明园管理处有关负责人解释说，造雪所用的水来自园内绿化使用的灌溉管线，不会影响到整体水系的流通，而且融化后的雪水将渗透到土层中，间接起到浇灌作用。北京市有关部门的官员在回答记者提问时也表示，市内人工造雪抽取的水一般来自于公园原有水体，雪景融化后也将回补地下循环利用；"鸟巢"等原无水体的旅游景点则采用"中水"造雪，不存在浪费水的现象。

郊区一些滑雪场也声称他们是使用中水进行人工造雪。如，位于延庆的八达岭滑雪场自称 70% 以上的造雪水源来自周边镇村产生的中水，其节约的地下水相当于 1 万人 1 个月的生活用水。同时，八达岭滑雪场通过回收，使 70% 的融化雪水得到二次利用。

这些解释并没有得到媒体记者们的普遍认可，对那些所谓采用"中水"造雪的滑雪场也不乏质疑之声。一位记者发表文章一针见血地指出："人造冰雪确实是个人见人爱的娱乐，可是从环境着眼，有多少人看到人造冰雪背后昂贵的生态代价？"① 针对人工造雪可以回收利用的说法，他批驳道："人造冰雪所耗费的水资源是惊人的，一台造雪机每小时用水量约为十五六吨，人工造雪后，绝大多数会通过空气蒸发或渗透地下，这部分水无法回收再利用，造成巨大浪费。在北京这样一个城市水系基本瘫痪、区域水循环体系被打乱、很可能未来越来越干旱的城市，在冬天居然出现这么多使用大量水资源以满足人们的游乐，实在是太奢侈了。"

一个目前被普遍忽视的事实是，郊区滑雪场造雪用水，多是以就近取地下水为主。几年前，北京曾就滑雪场经营开发过程中的地下水资源利用问题展开激烈争论，包括中央电视台、新华社在内的很多主流媒体都曾对滑雪业过度消耗地下水提出过尖锐批评。北京市第二外国语学院旅游发展研究院副院长王富德为反映北京地区滑雪场的发展缺乏科学论证，各有关部门指导监管不力的情况，提出了一组数字：当时的 13 个滑雪场一年需用水超过 380 万立方米，相当于消耗了北京 4.2 万人全年的生活用水②。媒体报道后，"有关部门"纷纷站出来批驳和"澄清"。中国滑雪协会辩称，当年北京实际投入经营的滑雪场为 10 家，经水务

① 《新京报》2010 年 12 月 31 日（冯永锋）：《冰雪节"扎堆儿"不是好事》。
② 《市场报》2005 年 8 月 3 日（刘浦泉、张舵、李江涛）：《京郊滑雪场一年"喝"掉 4.2 万人生活用水》。

部门核定实际的全年用水量为 41.63 万立方米，其中地下水为 29.73 万立方米。

北京有多少滑雪场，一直是众说不一。北京市体育局为 2010—2011 年冬季滑雪运动造势举行新闻发布会时发布的消息称，"北京市 17 家滑雪场所以崭新的面貌投入运营"。但很多业内人士对"17 家"这个数字并不认同。事实上，由于滑雪业长期存在多头管理的情况，滑雪场在用水问题上要"滑"的亦非个别现象。"有关部门"对北京那些大大小小的、城区和郊区的、对外营业和"内部使用"的滑雪场究竟每年实际消耗了多少水，也很难掌握准确的数字。多家媒体援引业内人士根据《北京市滑雪场用水管理要求》规定的用水标准（滑雪场滑雪道年用新水量每平方米不得大于 0.48 立方米；滑雪场绿地每年每平方米用水量为 0.3 立方米）和北京滑雪场雪道面积做出的估算，披露了这样一组数字：北京市每年人工造雪的用水量至少 100 万吨，每年所消耗的水量相当于北京市 8300 个家庭一年的用水量总和。

一些业内人士对笔者介绍，通常 1 吨水可以造两立方米的雪。人工造雪后，绝大多数会通过空气蒸发或渗透地下，这部分水无法回收再利用，造成了浪费。而滑雪行业管理部门的官员则声称，滑雪场用于人工造雪的用水过程只是简单的物理过程，不但没有造成资源浪费，还对周边小环境的改善起到了促进作用。

滑雪场能耗问题也曾引起一些媒体的热议。造雪机在将水转化成雪的过程中需要消耗电能来进行制冷和压缩。据了解，一台造雪机的功率平均要达到 15—20 千瓦左右，如按 20 千瓦计算，一台造雪机开一天的耗电就是 480 度。索道缆车在营业期间一直耗电运行。许多雪场为了延长营业时间，还开设了夜场滑雪，而这就需要在雪场加设大量大功率的照明设施。2010 年，沈阳一家媒体刊文估算全市滑雪场仅造雪机能耗一项其"碳足迹"就相当于增加了约 287 吨碳排放，"每一个去滑雪的人，在参与滑雪运动的同时，就要背负上巨大的能源负债，让自己的碳足迹迅猛增长"[1]。这家媒体呼吁，每个参与这项活动的游客都应该正确认识到滑雪运动所带来的高能耗负担，从而更加注重在日常的生活中做好节能减排，为自己的"奢侈运动"做好碳中和，为自己的碳排放买单。

其实，政府有关部门一直强调滑雪场在发展过程中要加强水资源的

---

[1] 《辽沈晚报》2010 年 12 月 27 日（记者 高鹏）：《滑雪渐成高耗能"奢侈"运动》。

保护及合理利用。国家体育总局冬季运动管理中心和中国滑雪协会《中国滑雪场所管理规范（试行）》第十四条"关于人工造雪的要求"规定："提高造雪效益，对气温、湿度、风况、水温等造雪条件要科学分析与掌握，水的有效率为65%—70%。当条件不具备时暂停造雪，以免造成能源及水资源的浪费。造雪量要适度，避免水资源浪费。人工造雪的用水要尽量利用四季地表蓄水，人工造雪的融化水要力争重复利用。"

滑雪市场火爆背后的环境问题其实远不止水资源消耗一项。生态专家指出，许多滑雪场的兴建都以牺牲环境为代价，修建滑雪场对很多小型山地生态圈来说无异于是一场灾难。

滑雪场大多建在坡度适宜的山地、丘陵地带，这里往往不是纯粹的不毛之地，而是有着完整的乔灌草生态系统。滑雪运动对地形有特殊要求，雪道所经之处，必须将树木连根拔掉。冬季过后冰雪融化使得开辟出的雪道裸露在外，形成植被"斑秃"。风大时，会引起扬尘；日晒雨淋，极易造成水土的流失。大量游客涌入滑雪，产生的废弃物也对雪场及其周围的环境产生了压力。因此，保护生态环境在发展滑雪市场中必须得到足够的重视。

对此，《中国滑雪场所管理规范（试行）》第十九条"滑雪场所的环境、卫生要求也早有规定"："滑雪场所在开发和经营过程中要特别注意保护环境，尽量不破坏植被，不砍伐或少砍伐树木，滑雪道应顺山坡就势修建，必须进行的破土工程，应在两年内绿化完毕。"《全国旅游滑雪场管理条例（试行）》中，第二十二条也明确规定："旅游滑雪场在开发过程中要特别注意保护环境，尽量不破坏植被，少砍伐树木，滑雪道应顺山坡就势，必须进行的破土工程，应在第二年度绿化完毕，滑雪道不允许有裸露的土石。"但在实际建设管理过程中，这样的要求往往被经营者当成了一纸空文。很多专家呼吁，各滑雪场应该采取补救措施，在裸露地面补种植物并控制好滑雪场可能带来的扬尘和水土流失问题，严格限制滑雪场的规模和数量。实际上，任何人工补救措施都无法使山地生态系统很快恢复。北京生物多样性保护研究中心郭耕副主任曾就这一问题强调，人工绿化不能取代山地生物系统的原生状态。自然生态的健康是最大的健康，休闲娱乐和体育运动也要尊重生态规律，不能以牺牲自然的健康为代价。

（三）高尔夫球场

从2016年里约热内卢奥运会开始，高尔夫将成为奥运会正式比赛项目。2011 年，国家发改委、监察部、国土部、环境保护部等十一部委联合下发《关于开展全国高尔夫球场综合清理整治工作的通知》（发改社会［2011］741 号），要求各地开展高尔夫球场综合清理整治工作。让高尔夫行业在招致政府整顿和公众诟病的，以非法占地和违规建设等问题为主。而这个行业的过度耗水问题，在这一年也开始被媒体、公众和社会组织置于聚光灯下。高尔夫球场是北京的奢侈型水消费的另一个严重问题。

2004 年 1 月，国务院办公厅下发《关于暂停新建高尔夫球场的通知》，要求自通知下发之日到新的政策规定出台前，地方各级人民政府、国务院部门一律不得批准新建高尔夫球场项目，清理已建、在建的高尔夫球场项目。到 2006 年 12 月，高尔夫球场项目被正式列入《禁止用地项目目录》。此后，国家已对高尔夫建设连续下发了 10 道禁令。

中国究竟有多少高尔夫球场？在公开的资料中，我们难以查阅到国土部门公布的数据。媒体倒是记录了记者要求公开信息但未获官员回应的经历。据了解，在 2004 年"大限"之前，全国高尔夫球场（以 18 个球洞为一个标准高尔夫球场折算）有 170 个。到 2010 年，据业内较具权威的《朝向白皮书：中国高尔夫行业报告》① 显示，我国营业中的高尔夫球场约 490 个，但媒体广泛引用的官方数字是 595 家，据说是国家体育总局小球运动管理中心和中国高尔夫球协会的领导在接受媒体采访时透露的。另据北京林业大学高尔夫教育与研究中心的统计，截至 2011 年 5 月，全国共有高尔夫球场 600 家左右②。

高尔夫球场遭到中央政府重拳打击，主要是因为占地问题。国土资源部通报显示，2011 年上半年该部违法举报中心接到涉及违法占地、违规建设高尔夫球场的违法违规线索 34 个，比去年同期上升 31%。据一些基层国土局执法人员反映，许多地方的高尔夫球场是地方政府为提升形象、营造良好招商环境而引进的项目，所以国土部门在执法时往往力不从心。

北京究竟有多少高尔夫球场，目前同样缺乏官方的权威数据。笔者通过一家网站"去哪儿网"检索北京高尔夫球场和练习场，得到的结果

---

① 《朝向白皮书——中国高尔夫行业报告》（2010 年度），朝向管理集团出版。http：//www. forwardgolf. com. cn／Electronic_ list. asp？ cid＝11。

② 《光明日报》2011 年 7 月 27 日（记者林英、袁于飞）：《违规球场何其多"高尔夫地产"该严打啦！》。

是 111 家。媒体披露的数据同样五花八门，让人莫衷一是。一家媒体的报道称，北京市的高尔夫球场至少有 75 家，球场总面积已达 132257.75 亩①；另一家则披露，"目前有 132 家打着各种名目的高尔夫球会、俱乐部、练习场等，面积可查的有 103 家，共占地约 135682.1 亩。球场密度最多的是人口最多的朝阳区，共有 41 家。其次是共有 19 家的海淀区"。2011 年初，一家媒体披露，他们通过国土部门的内部渠道得到了北京市高尔夫球场的惊人数字。报道称，"国土部近期卫片执法检查（指运用卫星遥感监测影像，对用地情况进行执法检查）最终确认，全国高尔夫球场违法建设现象反弹严重，仅北京市周边就有 170 多座（含练习场）"。倘数字属实，那么北京这个极度缺水的城市的高尔夫球场数量，竟然占到了全国的近三成之多！事实上，这个数字还不是公开资料中最高的。在自称是国内最权威的高尔夫球场网站——高尔夫搜索网（www.golf72.cn），笔者检索到的情况是：正式球场 73 家（含河北毗邻地区的 5 家），练习场 81 家，高尔夫地产 55 家，加起来超过了 200 家。北京 114 查号台的资料也显示，如今已登记的北京市高尔夫球场有 60 余家。上述披露"卫星照片"显示北京有 170 家高尔夫球场的媒体称，"至少 70 座存在严重违法侵占耕地的情节"。练习场和商业地产一般不会"严重违法侵占耕地"，据此可以判断，北京至少拥有六七十家高尔夫球场。

　　高尔夫球场之所以视为高耗水场所，主要有两个方面的原因：一是球场必须设置水域障碍；二是草皮植物需要经常浇灌，这是最主要的。水域一般是指湖泊和浅水滩等，水域建设需要大量的给水，在球场运营中则需要更多的给水量。草皮一般情况下天天都要浇水，耗水量巨大。因此，高尔夫球场建设不可避免地成为高耗水项目。

　　高尔夫球场水资源的消耗量与球场的大小、用水的面积以及球场植物的种类、喷灌设施的优劣等直接相关。根据中国高尔夫球协会官方网站介绍，一个标准的高尔夫球场占地面积一般为 750 亩到 1500 亩左右，设 18 个球洞。而据高球场草坪管理专家介绍，一个 18 洞的标准球场每天平均耗水 2000—2500 立方米。《朝向白皮书》统计了国内 51 家球场 2010 年全年的灌溉用水量，测算出我国一个 18 洞标准高尔夫球场设施

---

　　① 《中国青年报》2011 年 9 月 7 日；《盘点全国高尔夫球场之最：广东最阔绰北京最拥挤》。

的年均灌溉用水量大约为 27.6 万立方米。《白皮书》也提到："由于地理、环境、气候等因素的差异，不同地区的灌溉量也有所不同，且差异较大。用水量最多的球场样本，18 洞一年灌溉水超过 60 万吨，同时也有不足 15 万吨的样本。"①

北京的高尔夫球场一年到底能够消耗多少水资源呢？业界和媒体同样是众说纷纭。据中国高尔夫球协会场地管理委员会一位负责人说："在北京地区，一个 18 洞的标准球场每天平均耗水 2000 到 2500 立方米，正常情况下除了冬季封场三个月外，其余时间都需要浇灌维护，球场一年要消耗 40 万立方米的水量。北京还有相当一部分高尔夫球场是 27、36 甚至 54 洞的，耗水更加惊人。"②

在调研中，一位从事高尔夫球场设计的专业人士曾对笔者提到，球场的浇灌技术规范是，营业期无降雨或降雨不足时每天至少要浇灌一次，每次普浇厚度约 5 毫米。这一说法，得到球场工作人员的认可。

那么，北京的高尔夫球场一年消耗多少水资源，通过简单的计算就可以得出结论：每个球场按 8 个月即 240 天计，浇灌维护草坪面积按全国平均值 56.8 万平方米计，每天按浇灌一次、每次浇 5 毫米计，如果北京市标准球场（即 18 洞球场）有 60 家，则一年要耗水 4089.6 万立方米。如果有 70 家，则一年要耗水 4771.2 万立方米。

这一数字，与北京市政协提交专家论证的一份调研报告中所提到的数字比较接近。该报告显示，2010 年北京高尔夫球场总的耗水量将近 4000 万立方米。2011 年 8 月，央视调查记者在《经济半小时》系列专题节目中披露了"4000 万"这一数字，立即在社会上引起了强烈反响。

按照国标《城市居民生活用水量标准》（中华人民共和国国家标准 GB/T 50331—2002），北京市城市居民生活用水量标准下限值为每天 85 升，上限值为每天 140 升。以年度计，则分别约为 31 立方米和 51 立方米。取其中间值 40 立方米，如北京高尔夫球场的耗水量为 4000 万立方米，那就意味着这个行业耗掉的相当于 100 万市民的标准用水量。实际上，北京市城市居民生活用水量的数字更接近于国标的下限值。据媒体援引北京市统计局发布的统计数字，1995 年北京市民年人均生活用水量为 31.7 立方米，从 1995 年到 2004 年十年间基本稳定在 30 立方米左右，

① 《朝向白皮书——中国高尔夫行业报告》（2010 年度），朝向管理集团出版。http://www.forwardgolf.com.cn/Electronic_list.asp? cid=11。

② 中央电视台《经济半小时》2011 年 8 月 9 日。

2004 年为人均 31 立方米。也就是说，实际上高尔夫行业每年的耗水量远远超过 100 万市民的标准用水量。

百万市民是个什么概念？据最新统计（《2010 年第六次全国人口普查主要数据公报》），北京两个中心城区——东城区和西城区（分别由原东城区和崇文区，原西城区和宣武区合并而成）的常住人口为分别 91.9 万和 124.33 万人。一个高尔夫行业，竟然耗掉了相当于首都中心城区大约一半常住人口的标准用水量。

为什么国内的高尔夫球场如此耗水？专业资料称，"一个标准 18 洞球场的面积至少为 50 公顷，大多在 60 公顷至 90 公顷之间"，主要由树林、草坪、湖泊和沙坑等组成，其中 80% 以上的面积是草坪。而草坪又由发球台、球道、果岭和高草区构成。据专家介绍，国内很多高球场的设计只重视观赏性和使用效果，对后期养护考虑过少。为了保证排水顺畅，有些球场就在土壤中加入大量沙子。此举虽能保证在下雨和灌溉后不影响球场使用，但是土壤的保水性能差，需要经常浇水。

国内球场"贪大"也是增加耗水量的重要原因，据 2010 年《朝向白皮书》[①]，中国高尔夫标准场（即 18 洞球场）设施需维护草坪面积平均为 56.8 万平方米，比美国均值 39.6 万平方米多出约 43%。主要打球区域（果岭、发球台、球道、长草）比美国平均数据大了 30.8%，我国高尔夫球场的平均园林维护面积则是美国同类区域的 5.7 倍。

据业内人士介绍，同样作为一个严重缺水的国家，澳大利亚的球场数量要远远超过中国，但是澳大利亚政府的主导作用很强，严格审批，慎重规划，还会根据不同季节，出面协调各球场采取必要的措施，比如到了枯水季节，选择关闭一些球场，以此解决供水矛盾。在美国，高尔夫球场同样因为耗水巨大、使用过多的杀虫剂而饱受诉病。美国每个高尔夫球场平均每年需要消耗 5000 万加仑（1 加仑＝3.78 升）水，约等于 18.9 万立方米。据《纽约时报》2009 年 8 月 5 日的报道，现在美国高尔夫球场的高管们想方设法来节水，比如用处理过的污水或者回收的非工业污水来灌溉高尔夫球场、尽量种植本地植物、小心监管喷洒水的模式等，取得了明显的成效[②]。

[①]《朝向白皮书——中国高尔夫行业报告》（2010 年度），朝向管理集团出版。http: // www. forwardgolf. com. cn/Electronic_ list. asp? cid＝11。

[②]《科技日报》2009 年 8 月 10 日（记者 刘霞）：《美高尔夫球场节水花样多 球场不再"喝水"了》。

2006 年，北京市水务局曾发布《关于加强高尔夫球场用水管理工作的通知》，从取水标准、用水计量、节水器具使用等方面对高尔夫球场的用水做了严格规定。如，再生水管线覆盖范围内的高尔夫球场，必须引用再生水进行草坪灌溉，符合条件的球场须建设中水处理设施，实施污水处理再生的利用；对于有人工湖的球场要对其进行防渗处理，人行道、车行道及停车场、建筑屋顶等，须采用雨水利用设计，充分收集和利用雨水；高尔夫球场所有的主要用水部位，必须按照不同用水性质分别安装计量水表；在取用水方面，直接取用地表水或地下水的高尔夫球场，必须进行水资源论证并申请取水许可；原使用水源为农（林）业用井的，必须限期到节水管理部门办理自备井变更手续，重新核定用水指标，并按照新的用水性质分类计量收费。但是，这一规定并没有得到有效的执行。调研参与者在郊区调研时发现，私自打井建泵站，违规开采使用地下水的情况比较普遍。

有人说，北京的高尔夫球场和大众高尔夫体育运动无关。登录北京市工商行政管理局网站，输入这些球场的正式名称后会发现，这些球场的经营范围和高尔夫无关。业内人士称，北京建设的高尔夫球场大多是打着体育公园、生态园、休闲园、绿化项目等旗号建成的。由于绝大多数球场都未经过正式审批，当地水务部门对各家高尔夫球场的用水情况并不了解。例如，北京某区三家高尔夫没有审批过一眼自备井，另有三家报批了自备井，但其中有两家报备使用地下水量分别仅为约 2 万立方米和 4.5 万立方米，明显与实际用水量不符。

（四）洗车业

我国是世界第一大汽车消费国。截止到 2013 年底，北京机动车保有量超过 540 万辆。汽车数量的激增带来了能源、环境、交通等诸多问题，洗车等汽车消费配套设施带来的水资源浪费问题也日益凸显。

在空气污染严重、沙尘天气较多的北京，洗车是驾车者生活中必不可少的内容。机动车数量的激增，造成了京城洗车行业的快速发展。现在北京的洗车点可谓"多如牛毛"。开车在路边转一转，找个洗车的地方并不困难。随便停下来花上十元到几十元钱，就可以给车洗个"澡"。但是很少有人意识到，在这个极度缺水的特大型城市，洗车行业已经成为引起水资源不合理消耗和水环境污染的重要因素。

目前，洗车行业主要的洗车方式有两种——手工洗车和电脑洗车。

手工洗车的常见程序是：工作人员先将洗液喷洒在车身上，让车身上的灰尘和砂粒浮在车漆上，清洗车身各个部位，然后用高压水枪冲洗干净，最后为洗干净的车上一层液体蜡，并进行室内皮革等内饰的清洁护理。电脑洗车则是由传送带控制汽车，完成整个洗车过程，包括泡沫清洗、轮刷同动，超软布刷、全车养护，水蜡喷洒、风干擦干等各个程序。

此外，北京还有另外一种洗车方式也不难见到，那就是一桶水、一块抹布的"流动洗车族"。他们站在街边，摇晃着手中的抹布，招揽司机停下车来。这样的洗车方式基本上属于"无本生意"，水都是"免费"而来的：不是从河里打的，就是偷取的绿化、消防用水。洗完车的水也都是直接从路边的下水道排走，或者泼洒在路面上。虽然劣质的洗车液和掺杂着的灰尘和沙粒的毛巾会对车身造成伤害，但其低廉的价格还是吸引了那些图便宜的车主，特别是出租车司机。路边占道流动洗车浪费水资源、污染环境，监管部门虽采取了很多措施试图清理这些"抹布党"，但驾车者洗车需求的增长，加上洗车者采取的是"打一枪换一个地方"的"流动作战"方式，使监管非常困难，无法遏制其蔓延的势头。

北京洗车行业年耗水量究竟有多少？据一些学者开展的专门调研和现场实验测算，普通轿车手工洗车耗水为 23 升/辆次，电脑洗车为 31 升/辆次。北京市质监局《公共生活取水定额》（征求意见稿）在"第 7 部分：洗车"中要求，手工洗车点每清洗一辆车新取用水不超 22 升；自动洗车点不超过 31 升。据解释，取水定额是通过对各种规模的洗车点用水量的实地测量后计算得出的平均值。新取自来水量不包括洗车点自备的循环水、雨水、再生水等。

以北京市汽车保有量 500 万辆来计算，假如每辆车每周洗一次，且全部采用耗水相对较少的手工洗车方式，取水量按每辆次 22 升计，全市每个月新取水量将约 45 万吨，全年则超过 500 万吨；如果我们将手工洗车和电脑洗车的用水量进行简单平均，以每辆车平均单次清洗用水量 27 升、每月清洗 4 次计算，则每年每辆车洗车用水量约为 1.3 吨，全市洗车行业年耗水量将超过 600 万吨。

和一些媒体报道中提到的数量相比，上面测算的"理论耗水量"显得较为保守。《人民日报（海外版）》曾报道："据测算，清洗一辆汽车的用水量约为 0.16 吨，若按全部汽车每周清洗一次计算，北京市每年洗车用水量达到 3000 万吨。"①

对于北京洗车行业实际耗水量是几百万吨还是上千万吨，我们同样很难得到权威部门的准确数据，但如果说北京洗车行业正在加剧水资源供需矛盾，加大水生态安全压力，洗车行业用水需要进一步加强管理、提高水平，这些确实是不争的事实。

如果没有强有力的外部约束，指望洗车业主自觉主动地节约用水并不现实。在疏于监管的情况下，各洗车场必然会各显神通，打起自来水的主意。一家媒体的记者在调查中发现，朝阳区银泰中心的地下停车库有一个洗车场，工人告诉他们，这里洗车用的是自来水，水费直接交给物业。按照北京市规定的工商业用水价格，银泰中心的水价应为每吨6.21 元，而它卖给洗车行的价格是 7 元多，一转手就每吨赚取了一元左右的差价。而洗车场不用按照洗车行业 61.68 元一吨的用水价格缴纳水费，也捡了个大便宜。"共赢"的交易自然让双方皆大欢喜。

在北京，这样的情况绝非孤例。调查者发现，很多洗车场都在或明或暗地使用自来水。随着汽车数量的持续激增，大小洗车场遍地开花，非法洗车屡禁不止，形成一个浪费城市水资源的黑洞。

三 过度超采开采地下水风险巨大

上述几种高耗水的特殊行业，特别是洗浴和人造温泉、人造滑雪场以及高尔夫球场，都程度不同地存在着非法过度使用地下水的情况。北京地下水长期超量开采，已经形成多个地面沉降区，直接威胁着北京的城市建设布局规划及居住安全。20 世纪 60 年代，北京地区地下水的平均埋深（即地下水水面至地面的距离）只有 3 米多，1999 年约为 12 米，而现在北京的地下水埋深则已超过 25 米。根据测算，地下水位每降低一米，储量减少 5 亿立方米。最近十余年来北京地下水量总共减少了 60多亿立方米。

过度开采利用地下水资源除了将影响水资源的战略储备，为生态安全带来隐患之外，由此引发的地面沉降也会给社会经济发展造成严重的影响和巨大的损失。2008 年，中国地质调查局历时五年完成的《华北平

---

① 《人民日报（海外版）》2009 年 7 月 18 日（杭辰）：《洗掉多少昆明湖？》。

原地面沉降调查与监测综合研究》① 表明，地面沉降给华北地区造成的直接经济损失达 404.42 亿元，间接经济损失 2923.86 亿元，累计损失 3328.28 亿元。根据中国地质科学院水文地质环境地质研究所的研究成果，20 世纪 80 年代以来，京津唐地区每年平均超采地下水近 6 亿立方米，华北平原深层地下水超采状况居全国之首，海河流域累计超采水量已有 1000 多亿立方米②。北京市政府和中国地质调查局分别主持过关于北京市地面沉降的科研项目，北京理工大学教授杨艳等在《北京平原区地面沉降现状及发展趋势分析》③ 一文中透露，截至 2009 年底，北京市最大年沉降量达到 137.51 毫米，最大累计沉降量 1163 毫米。

1999 年，北京平原地区累计沉降量大于 100 毫米的面积为 989 平方千米。而北京市政协所做的调查显示，到 2009 年这一数字就增加到 3385 平方千米，平原区沉降面积的比例仅 10 年时间就由 15% 剧增到 53%。2009 年，朝阳区金盏地区一年的地面沉降量就达到 137 毫米，居全国之首。

专家指出，超采地下水会加大地面沉降的风险，至少会对以下几个方面的城市安全造成严重威胁：一是市政设施安全。目前，建筑、道路和基础设施相当密集的北京市区受沉降影响已逐渐显现，其中地下管道面临着最大挑战，易弯曲、变形甚至破裂。2000 年以来，超过三分之一的北京市自来水供水管线破损开裂是由地基下沉引起的，而且水管破损现象多集中在地面沉降较严重的朝阳区和东城区。其他如燃气管破损、路面塌陷等市政设施的破坏现象，也有地面沉降的潜在影响。二是轨道交通安全。北京市地铁 13 号线、10 号线和轻轨大兴线、亦庄线等均经过或靠近沉降区，地面沉降对轨道安全构成潜在威胁。作为全国重要的交通枢纽，北京市的高铁建设走在全国前列。而京津、京沈、京唐等城际枢纽工程，无一例外经过严重的地面沉降地区。此外，有专家近期指出，地面沉降还有可能会影响南水北调工程的安全。南水北调东线在经过河北省境内时，北运河受地面沉降影响后，河床下降，坡降更为平

---

① 《水文地质工程地质》2009 年 01 期（何庆成、叶晓滨、李志明、刘文波、李采、房浩、陈刚、胡成）：《华北平原地面沉降调查与监测综合研究》。

② 《中国国土资源报》2011 年 10 月 24 日（记者 高慧丽 通讯员 范建勇）：《京津唐地下水年均超采近 6 亿立方米应调蓄涵养》。

③ 《上海地质》2010 年 04 期（杨艳、贾三满、王海刚）：《北京平原区地面沉降现状及发展趋势分析》。

缓，水流流速放慢，造成输水流量可能达不到工程设计的标准。如地面沉降再继续发展，还会危害到堤防的安全。

四　应对缺水局面，开发"第二水源"

北京作为一个缺水的城市，应该如何减少特殊行业用水的浪费，解决这些行业跟百姓抢水"喝"问题？再生水使用应成为重要手段。

再生水也称"中水"，指对城市污水经处理达到一定标准后进行有益使用的水。经过净化处理后的城市污水可以作为部分水源的替代品，广泛运用在非直接接触人体的各个领域中，比如生活杂用水、市政绿化用水、工业用水、景观生态补水和农田灌溉等，替代等量的新鲜水量。据测算，在我们日常的生产生活用水中，有60%完全可以用再生水替代。

再生水利用是建设节水型社会，实现再利用、资源化的有效途径。面对水资源供需矛盾不断加剧的严峻形势，北京坚持"向观念要水、向科技要水、向机制要水"，对地表水、地下水、再生水、雨洪水和外调水进行联合调度，其中，再生水是唯一"变废为宝"的水。每使用一吨再生水，就意味着既节约了一吨自来水，又减少了一吨污水。污水的再生利用开辟了一个稳定的新水源，有效缓解了城市供水系统的压力，同时减少了废水排放造成的环境负荷，降低了水污染的程度，可谓一举两得。

近年来，北京市本着"资源节约、环境友好"的思路，为缓解水资源紧缺和改善水环境，在再生水利用方面采取了切实有力的举措，取得了卓著的成效。

北京自2001年建成第一座再生水厂，再生水利用量和供水比例逐年大幅度提高。从2004年开始，北京把再生水纳入全市年度水资源配置计划中，确定了再生水用于工业、农业、城市河湖和市政杂用的使用方向，利用量逐年加大，利用范围不断拓展。随着社会经济的发展，北京市总供水量多年来略有增加，2011年达到36亿立方米。在总的供水量中，地表水供水量已由2003年的8.33亿立方米降至2011年的5.5亿立方米，而再生水的供水量则由2004年的2.04亿立方米升至2011年的7亿立方米，所占总供水量的比例持续提高已接近20%。其他供水来源中，地下水约占供水总量的60%，南水北调水（周边省份调水）约占供水总量的 7% 左右。再生水自 2008 年起已经连续超过地表水，成为北京市稳定可靠的"第二水源"。

科技的力量所产生的再生水有效缓解了水资源供需矛盾。"新水保生活，再生水保生产生态"，已经成为北京水务的基本格局，也让北京成为全国用水效率和再生水利用的首善之区。与此同时，我们也必须看到，即使在北京，再生水利用也仍然处于初级阶段的较低水平，有着巨大的拓展和提升空间。

一方面，再生水水源充足可靠。北京市污水量大，不受季节和气候变化的影响，经处理后可以为再生水及再生水集中利用提供大量稳定可靠的水源，随着市区污水处理厂建设进度的加快，为城市污水再生回用创造了良好的条件。另一方面，水质可以满足需要。目前国内外也制订了一些针对污水再生回用的规范和水质标准，为污水再生回用提供了可借鉴的依据。从水处理技术上讲，污水通过不同的工艺技术处理，水质完全可以满足工业冷却、河道环境用水、市政杂用水的水质标准。

借用营销学的概念，目前再生水利用的发展趋势或许可以这样描述：稳定"传统用户"，发展"新兴用户"，挖掘"潜在用户"。"传统用户"是指市政杂用、工业冷却、农田和一般景观用水。"新兴用户"是指高品质景观用水和工业特殊用水。"潜在用户"是指地下水回灌和饮用水备用水源。从下面几个例子，我们可以看出近年来北京再生水应用的迅猛发展势头和所取得的令人瞩目的成效。

景观用水：再生水回用于景观水体是污水再生利用的主要方式之一，既可解决缺水城市对娱乐性水环境的需要，也是完成水生态循环自然修复的最佳途径。北京的城市河道和郊野公园人造水景观已把再生水作为其主要水源。奥林匹克森林公园湖面波光粼粼，一池碧水全部来自数公里以外的北小河再生水厂；再生水让断流 30 年的永定河重现生机；六环路内 52 条河道内流淌的 70% 以上是再生水，河道环境补水年利用再生水达 2.3 亿立方米；首座清水零消耗公园——北小河公园内雨水全部收集利用，园林绿地浇灌全部使用雨水和再生水。

绿化用水：再生水具有量大集中、水质水量稳定的特点，采用再生水灌溉园林绿地不仅可以大大缓解水资源紧缺的压力，而且由于其富含植物生长所需要的氮、磷、钾等营养元素及有机质，合理施用能提高土壤肥力，促进植物的生长，减少肥料的施用量。近年来，北京市越来越多地利用再生水作为园林绿化用水，目前城区使用再生水灌溉的绿地面积达到 1100 公顷。按照北京市水务局制定的《推进"清水零消耗"生态节水公园鼓励办法》和《公园绿地再生水利用规划》，"十二五"期间全市将完成 30 个"清水低消耗"公园的建设。

工农业和市政用水：工业用水方面，再生水主要用于冷却用水、洗涤用水、工艺用水、建筑施工、建筑除尘等工业生产。目前，城区内第一热电厂、华能热电厂、石景山热电厂等 9 个火电厂已经全部将冷却水由再生水替代。农业灌溉方面，在通州、大兴等区农业年利用再生水超过 3 亿立方米，灌溉面积达到 58 万亩，有效地节约和保护了地下水资源；市政用水方面，再生水年用量也在不断增加。

2011 年北京市共处理污水 11.8 亿立方米，污水处理率达到 82%。其中经处理后作为再生水利用的有 7 亿立方米。2012 年 7 月，北京市人民政府办公厅发布《关于进一步加强污水处理和再生水利用工作的意见》，提出到"十二五"末，全市污水处理率达到 90% 以上，其中四环路以内地区污水收集率和处理率达到 100%，中心城其他地区污水处理率达到 98%，新城达到 90%，农村地区达到 60%；再生水年利用量 10 亿立方米以上，利用率达到 75%。为了提高北京再生水利用总量，加大供应能力，北京市高碑店再生水厂（第二标段）工程将正式启动，2015 年竣工投用后，水厂日处理规模可达 100 万吨，将超越北京清河再生水厂成为国内规模最大的再生水厂。

"十一五"期间，北京累计新建再生水管线 488 公里，输送能力大幅度提高。再生水配送主要靠管网输送，但管线建设面临越来越大的难度。据业内人士介绍，由于再生水是后发展行业，向城市中心发展的首要问题是规划路线。特别是在已建成的老城区内铺设再生水管线的难度更大，只能在道路改造时考虑随路建设，再加上城市建成区道路下面基本都埋有各种管线，有些地方甚至不具备铺设再生水管线的条件。与此同时，管线建设受拆迁的制约也比较大。

五　遏制奢侈型水消费，走向水生态文明

水资源是首都发展不可或缺的公益性、基础性、战略性资源。为保护及合理利用水资源，应对水危机，北京市采取了开源节流、外流域调水、污水再生利用等措施，在节约用水和水资源综合利用方面付出了艰辛努力，也已经取得了突出的成效，在一定程度上缓解了水资源的供需

矛盾。北京居民年人均用水量继续下降，农业用水总量明显减少，工业再生水使用量显著增加，节水型社会建设取得重要进展。但是，同时我们必须看到，随着城市规模的持续扩张和用水人口的不断增加，北京的水资源危机形势依然严峻。

节约资源是保护生态环境的根本之策。十八大对建设生态文明做出了全面的部署，强调要全面促进资源节约，"推动资源利用方式的根本性转变，加强全过程节约管理，大幅度降低资源消耗强度，提高利用效率和效益"，"推进水循环利用，建设节水型社会"。

对于北京来说，节水工作事关民生，事关全局，事关长远，加强战略设计和综合管理刻不容缓。在外调水源相对紧张的背景下，北京除了将节水和水资源可持续利用作为解决水资源危机的根本出路，没有别的选择。

"奢侈型水消费"，明显是与节水型城市建设和生态文明建设战略目标背道而驰的。特殊用水行业的节水工作成效如何，对全社会有着重要的示范意义。

遏制奢侈型水消费，正受到各级政府的高度重视和全社会的空前关注。2011年，水利部部长陈雷提出"要加强和规范服务业用水管理，全力抓好高耗水服务业用水专项检查行动，严厉查处一批影响恶劣的违法案件，遏制高耗水服务业违法取水和浪费用水行为"①。水利部下发了《关于开展高耗水服务业用水专项检查行动的通知》，要求坚决遏制违法取水和浪费水的行为，进一步加强对高耗水服务业用水的监督检查和规范管理。国家发展改革委副主任解振华在全国节水型城市创建工作会议上也明确指出，要研究当前经济社会发展中突出的水资源浪费问题，如洗浴、洗车、滑雪、高尔夫球场等大量浪费水资源的问题，提出有针对性的政策措施。北京市政协通过了关于加强首都水资源保护与开发利用的建议案，建议案提出，北京市应坚决停建高耗水的洗浴中心、高尔夫球场，出台对非法开采和浪费水行为进行举报奖励的办法。

遏制奢侈型水消费，必须以生态文明观作为指导思想，形成节约能源资源和保护生态环境的产业结构、增长方式、消费模式。从长远发展来看，解决北京水危机必须控制城市人口规模的急剧扩张，转变不合理

---

① 水利部网站2011年10月10日（水利部部长陈雷）：《在传达贯彻全国节能减排工作电视电话会议精神部务（扩大）会议上的讲话》。

的生产生活方式。

针对北京市特殊行业的耗水问题，市水务局明确表示，根据最新的节约用水办法，北京市将禁止开办高用水企业，其中包括高档洗浴业、以水为原料的生产企业、滑雪场、高尔夫球场，以及月用水量超过5000立方米的游艺经营场所。同时，一旦本市发生供水突发事件或者在用水量达到日供水能力90%时，经市人民政府批准，将停止高尔夫球场、高档洗浴业等高用水企业的生产经营用水。

"奢侈型消费"是笔者在2009—2010年度《环境绿皮书》①一篇报告中提到的一个概念。这一概念与政府报告中所指"高耗水特种行业"基本一致，但这两个概念是否可以画等号，目前并未形成共识。当记者致电北京市水务局宣传处申请采访时，其负责人就明确对"奢侈型消费"的提法提出质疑。"现在生活水平提高了，老百姓有这种需求，怎么能说是'奢侈型'呢？"这位负责人还说："打个比方说，以前一吨水能创造1元的GDP，现在通过洗浴行业能创造100元，水的利用效益大大提高，为提高GDP水平作出了很大的贡献，恐怕不能说是浪费吧。"②

自2012年7月1日起施行的《北京市节约用水办法》明确规定："严格限制以水为原料的生产企业、人造滑雪场、高尔夫球场、高档洗浴场所等高耗水项目发展。对已有高耗水项目，不再增加用水指标。"如果这些场所不存在水资源的奢侈浪费现象，规范和限制它们的依据何在呢？

水是生命之源、生产之要、生态之基。长期以来，我国经济社会发展付出的水资源、水环境的代价过大，导致一些地方出现水资源短缺、水污染严重、水生态退化等问题。十八大对建设生态文明做出了全面的部署，强调要建设节水型社会，"促进生产、流通、消费过程的减量化、再利用、资源化"。加快推进水生态文明建设，是促进人水和谐的重要实践，是建设美丽中国的重要基础和支撑。各级水行政主管部门正在积极推进实现从供水管理向需水管理转变，从水资源开发利用为主向开发保护并重转变，从局部水生态治理向全面建设水生态文明转变。我们呼吁并期待，政府、企业和社会协同努力，强化对洗浴中心和人工温泉、滑雪场、高尔夫球场与洗车场所这些高耗水特种行业的监管，有效遏制和扭转奢侈型水消费现象。

---

① 杨东平主编：《中国环境发展报告（环境绿皮书 2010）》，社会科学文献出版社。
② 《半月谈》2010年5月13日（记者 李舒 卢国强）：《警惕"豪浴"水浪费加深城市水危机》。

可持续消费幸福感的理论思考

周　凌

【内容摘要】　可持续消费是实现经济可持续发展目标的重要组成部分之一。在实现可持续消费的过程中，我们不仅应该关注可持续消费中物质减量化的结果，更应当关注物质减量化过程中人们幸福感的提升。文章通过讨论幸福感和可持续消费之间的内在关系，从宏观和中观层面提出了推介可持续消费幸福感的方法和目标。

【关键词】　幸福　可持续消费

近些年随着我国经济的快速发展，对于消费中量的追求已经不再是人们所关注的唯一目标了，人们在消费过程中，越来越关注其中的"质"——即通过消费所获得的幸福感。而在消费所得到的幸福感中，除了商品本身所给消费者带来的直接的感受之外，消费行为所引发的外部效应，尤其是环境问题，更成为消费者所关注的焦点。过去，在可持续发展理论的发展中，人们更多地将目光投向了生产领域，希望通过构建合理、节能、高效的生产方式来解决发展中的可持续问题，为此发展出了许多论述。然而，作为经济活动的另一个基本方面，消费问题在发展过程中所起的作用同样不可忽视，可持续消费问题便应运而生。

一　关于可持续消费的含义

可持续消费的概念起源于可持续发展，1987 年以布伦兰特夫人为首的世界环境与发展委员会（WCED）发表了报告《我们共同的未来》。这份报告正式使用了可持续发展概念，可持续发展被定义为："能满足当代人的需要，又不对后代人满足其需要的能力构成危害的发展。"这个概念是可持续发展理论的源头。在可持续性发展概念中涉及两个核心问题：一是消费的优先权问题，即世界各国人们的基本消费需求，应将此放在特别优先的地位来考虑；二是消费的限制问题，即技术状况和社会组织对环境满足眼前和将来需要的能力所施加的限制。

由此可以看出消费是可持续发展的核心问题之一。因为消费是生产的最终目的，是满足需求的方式，人们对消费数量的追求将直接影响到生产的数量，对消费内容的追求可以直接影响到生产的内容，对消费方式的选择也会直接影响到生产方式的选择。

从生态经济学角度来看，消费就是将低熵物质向高熵物质转化的过程。如果将整个社会经济系统看成地球生态系统的子系统来看，整个社会经济系统就是一个大的物质和能量的转化和消耗体，人类子系统通过从自然界获取所需要的水、矿物、化石燃料和生物资源等低熵物质以及各种能源来维持系统本身的正常运转，然后将各种高熵物质以废物的形式返回到地球生态系统中，通过整个地球生态系统的分解，重新回到我们生活的子系统中。因此，从广义的角度来说，生产本身就是消费的一个部分，它是人类消费活动的一个中间环节。

从狭义的角度来看，消费是指消费者（人）通过消耗一定的有形或者无形的物质和能量从而满足其个体需求的行为。在这个过程中，消费者所消耗的可以是有形的物质，如粮食、水、石油等等，也可以是无形的物质，如，风景、音乐、艺术品等等。这些消费行为虽然消耗不同的资源，并且满足不同的人类需求，但是由此产生苦乐（幸福）感，在很大程度上是同质的，并且是可以替代的。

虽然消费行为本身往往伴随着资源的消耗，但是，在产生相同苦乐（幸福）感的同时所需要的资源是不同的，通过物质的满足来达到的幸福感所需要的资源往往大于通过精神满足所带来的幸福感。由此，可以看出达到相同的幸福感所需要消费的资源强度存在着不同。如何通过更低的能源强度来达到与现在相比相同或者是更高的社会幸福水平，这是可持续消费理论的一个基本出发点。

自可持续发展理论产生伊始，可持续消费的讨论就已经开始了，然而不同的组织和个人，对可持续消费理论有着许多不同的理解。国际学术界正式提出"可持续消费"一词始于1994年奥斯陆专题研讨会会议，同年联合国环境规划署在内罗毕发表《可持续消费的政策因素》报告，首次将可持续消费定义为"提供服务以及相关的产品以满足人类的基本需求，提高生活质量，同时使自然资源和有毒材料的使用量最少，使服务或产品的生命周期中所产生的废物和污染物最少，从而不危及后代的需求"（UNEP，1994）。随后，在同年的挪威奥斯陆，联合国召开了"可持续消费专题研讨会"上重申可持续消费的定义，并指出："对于可持续消费，不能孤立地理解和对待，它连接着原料提取、预处理、制造、产品生命周期、影响产品购买使用、最终处置诸因素等整个连续环节中的所有组成部分，而其中每一个环节的影响又是多方面的。"

在联合国环境规划署定义的基础上，我国学界又从不同的角度对可持续消费的内涵做了延伸，提出了各种不同的解释。肖彦花强调要把可持续消费与可持续发展联系起来，并使二者的定义域保持逻辑空间的一致性，要构建与可持续发展相适应的、相配套的，能够保持经济、社会、环境、资源、人口互相协调的崭新的消费模式（肖彦花，1999）。曾一昕从可持续消费的合理内涵上做阐述，认为可持续消费的重点在于强调适度的消费规模、合理的消费结构和健康科学的生活方式（曾一昕，2007）。唐平华从人本主义出发，指出可持续消费是符合人的身心健康和全面发展要求，能够促进社会经济发展，实现人与自然和谐相处的消费观念、消费方式、消费结构和消费行为的消费模式（唐平华，2000）。司金銮以"三元需要理论（物质消费需要、精神文化消费需要与生态消费需要）"为逻辑起点来考察人类消费在需要构成层面上的发展历程及其意义，说明人类消费是由原始的"一元消费需要到物质消费需要"，再到当代的"三元消费需要"的不断得到满足与扩展的转换过程。他总结道：可持续消费是人类发展的永恒主题，建立可持续消费理论体系与发展模式，是经济社会与生态环境协调发展的客观要求，也是以科学发展观推进循环经济发展的一个战略选择（司金銮，2004）。易培刚从经济发展的可持续性、生态的可持续性、社会发展的可持续性三个方面来认识可持续消费，强调可持续消费应以可持续发展为前提，应与资源、生态环境相协调，并因时间、地域、国家和民族的经济发展水平、人们的收入分配状况、习惯和偏废等的不同不断发展变化，人们应实行合理、适度、健康的物质消费和精神消费。杨家栋、秦兴方通过对可持续消费的研究，提出了许多有建设性的意见，他们把可持续消费定义为一种既符合代际公正，又符合代内公正原则的，能保证人类物质和精神生活不断由低层次向高层次演进和促成可持续发展战略实现的消费，这就较为周全地考虑到了消费的代际传承和代内消费质量的跃升问题，要求人们适度消费、合理消费、文明消费，要树立环境保护意识，在国民中加强可持续消费的宣传教育（杨家栋、秦兴方，1997）。

通过国内外学者的讨论，虽然由于立足点和角度的不同，存在许多不同之处，但仍然可以看出可持续消费具有一些共同的特点：

第一，经济与环境的统一。从经济学角度来说，消费是经济活动的一个组成部分，是消费者对商品和服务的总花费。在传统的经济学领域中，消费是经济学研究的一个主要研究内容，早期出现的马歇尔的需求理论以及以凡勃仑为代表的消费理论就涉及消费关系的问题，凯恩斯的"绝对收入假定"，弗里德曼的"持久收入假定"，安东·莫里格安尼和布鲁贝格的"生命周期假定"等理论都对生产与消费的矛盾，个人消费与社会消费的作用，消费行为与消费者主权，消费结构、消费水平和发展趋势，消费政策等问题进行了研究，把消费作为经济发展的主要驱动力之一，将刺激和扩大消费需求作为政府和企业的主要政策目标。然而，在传统的经济学中，经济系统往往作为一个孤立的子系统来进行研究，即经济的发展只与其经济本身有关，而与外界环境之间无关或者说弱相关。而消费行为本身也只影响着经济的发展，而不考虑其对外界环境的影响。不过，在可持续消费理论中，消费行为不仅仅影响经济，同时也会对经济子系统所依赖的整个地球生态系统造成影响，而这种影响会间接的反作用于经济系统本身。因此，在可持续消费理论中，经济不再是消费行为所考虑的唯一要素，消费行为对外界环境的影响同样需要被认识，消费应当是经济发展与环境保护相协调和统一的行为。

第二，物质与精神的统一。主流经济学中普遍认为经济的发展尤其是经济规模的扩张具有无限性，然而在现实中，经济子系统的扩张与其母系统——地球生态系统之间的冲突，使这种观点受到越来越多的挑战。Daly（2001）提出了稳态经济的概念，他认为"人类必须停止物质资源流量的继续增长，用质量性改进（发展）的经济范式来代替数量式扩张（增长）的经济范式作为未来进步的道路。因此，可持续发展就是'没有增长的发展——没有超出环境可再生和吸收能力的流量增长'"。Daly认为这是表述可持续发展最为准确的方式。在这个框架内，经济的发展就由单一的由物质资源流量增长为主要内容的规模的扩张，向更为多元化的政治、文化、社会、环境等非物质资源的改善即内涵的增加进行转变。与之相对应的，经济发展的重要内容——消费，也将由单一的物质消费向多元化的精神消费改变。因此，在可持续消费的内容中，除了包含维持人们生活所需求的最基本的生活消耗之外，控制甚至降低人们各种非必需品的消耗，如奢侈品，提升人们的精神需求，如欣赏艺术品、音乐等，可以在不增加物质资源消耗的情况下，增加社会的福利水平。

第三，效率与公平的统一。传统的经济学对于消费的看法主要体现在效率优先，兼顾公平的做法，认为消费的数量往往代表了福利的数量，社会消费的数量越多意味着社会的福利水平越高。因此，在制定经济政策中，如何扩大和刺激需求，通过需求带动生产进而带动经济的提升总是一个绕不开的核心话题。然而 Easterlin（1974）从提出的幸福悖论中发现，经济的发展与幸福水平的提高未必有直接的关系，尤其是，当人均 GDP 超过一定水平以后，人们的主观幸福感与 GDP 的增长之间几乎没有关系。在这种情况下，如果难以关注增长（效率）问题，对于社会整体福利水平的提高就并没有太大的帮助，而通过注重产品在不同人群中的分配可以提高社会整理福利水平。从消费的角度来说，现代的市场经济体制中，对于商品中产权明晰的部分——社会资本，通过交易所产生的价值是高效合理的。但是，对于其中所占用的自然资本，既没有有效的产权制度明晰产权所属，又无法合理评估其真实价值，因此，导致这部分资本的交易往往是低估而且是无效的，从而，导致了富人占用资源而且没有付出足够代价，而穷人为此付出了代价而又无法得到相应的补偿。许多发达国家拥有高消费，却付出了很低的环境代价，相反，一些发展中国家在缺乏消费的情况下，却对环境产生了巨大的破坏。Arrow 等（2002）认为，富裕国家的高消费水平加速了贫穷国家资源的退化，这会危害贫穷国家的福祉。此外，消费的公平，不仅体现在代内不同人群之间的公平，同时，也体现了当代与后代之间的公平，这也是可持续发展的真谛，即当代人对资源的消费不能影响后代对这些资源的利用。

综上所述，可以看出，可持续消费已经不是单一的经济学概念，还涉及了生态学、伦理学、社会学等多个学科，不仅包含了对消费内容的改变，而且还包括了对消费方式、生活方式、分配方式等诸多内容的改进和优化，对未来的发展有着深远的影响。

二　幸福的基本内涵

幸福是人类追求的一个永恒的主题，也是人类行为的最终目标。然而不同时期不同区域的人们受到不同要素的影响对幸福有着不同的理解。

（一）完善论的幸福观

在古代西方社会，先贤们一直对幸福就有着深入的思考和探求。在古希腊时期，著名的思想家苏格拉底、柏拉图和亚里士多德认为幸福应该是一种理性行为的产物。而且这种理性的行为应当是精神的，而非物质的。其中亚里士多德对幸福的阐述最为系统，他总结了前人的思想，把幸福定义为"属于人的""可达到的最高善"，认为"幸福是合乎德行的实现活动"（廖申白，2003），而"最合乎德行的实现活动"是沉思，因此，"智慧的人是最幸福的"。亚里士多德从道德伦理的角度阐述了一种完善论的幸福观，其核心思想是一种节欲的、精神享受的理念，主张幸福应当从生活实践和道德完善中获得，而非从娱乐消遣和物质享受中获得。随后，亚里士多德的思想得到了广泛的推崇，斯多葛学派的代表人物、古罗马哲学家塞涅卡（Licius Annaeus Seneca）对亚里士多德的德行观进行了进一步地挖掘和放大，开创了禁欲主义的基督教幸福观，他将幸福分为两种，一种是肉体的幸福，另一种是精神和理性的幸福，其认为"除了精神为了自身而在自身中发现的东西之外，再也没有别的什么可以称得上是持久的幸福"（赛涅卡著，2007）。塞涅卡的思想开创了基督教禁欲主义幸福观，对西方基督教的幸福观产生了巨大的影响。进一步地将肉体的快乐与精神的幸福分离开，甚至对立起来，例如基督教哲学家和思想家奥古斯丁（Aurelius Augustinus）认为"幸福就在于拥有真理"，而"上帝之光使我认识了真理"（北京大学哲学系外国哲学史教研室，1981），"幸福生活只能是一种排除了肉体感官欲望的灵魂的生活"（宋希仁，2004）。

（二）快乐论的幸福观

与完善论的幸福观相对应的是快乐论的幸福观。与完善论的幸福观相比，肉体与精神享受所获得的幸福感泾渭分明，快乐论的幸福观并没有将这两者对立起来。他们模糊了肉体与精神所带来幸福感的界限，认为快乐是善、痛苦是恶。其中，古希腊学者伊壁鸠鲁就认为"快乐是幸福生活的始点和终点。我们认为它是最高的和天生的善。我们从它出发开始各种选择和避免，我们的目的是要获得它"（苗力田，1989）。他的思想对西方社会产生了广泛而深远的影响。尤其是在文艺复兴以后，走出了黑暗中世界的人们，不再按基督教的思想将肉体的快乐与精神的幸福对立起来，进一步的发觉和推广了这些观念。尤其是边沁的功利主义幸福观，成为现代经济学对福利思考的出发点。边沁不仅继承了快乐主义思想，将趋乐避苦作为功利主义的原则依据，同时也回避了对幸福的价值判断，认为所有幸福无论是怎么产生的，只要能够给人带来快乐和愉悦就是美好的，并且这些"幸福的数量是相同的，图钉和诗歌一样美好"。这也是幸福同质化的开始，进而在经济学的研究中，感性的幸福被更加抽象的效用所取代，而幸福最大化在经济学的研究中，也被效用最大化所取代。

（三）经济学中的效用和幸福

作为功利主义的创始人，边沁通过引入更为抽象的效用来取代感性的幸福，并且认为效用是同质的，即不同事物或者行为所产生的感受是相同的。不过边沁同时也认为，幸福是可以比较的，社会总体效用的高低可以通过个体效用的加总进行比较，而这种比较可以通过货币单位来进行度量和精确计算。这就导致了两个相应的后果，一个是幸福的数量化，虽然幸福是一个非常主观的感受，但是随着效用概念的引入，幸福不再与经济直接相关，而由效用来表达，然而效用是一种抽象的概念，一种度量的尺度，不再带有人的主观感受，而由简单的数量来表示；另一个是幸福的货币化，由于效用的表示需要通过货币来进行，而货币的多寡则代表了效用的多少，因此，经济学的研究就开始由幸福的关注转向了对货币数量的研究。虽然这种抽象极大程度地促进了经济学，尤其是数理经济的发展，但是不可避免的是经济学的研究目标发生了偏差。

庇古在边沁的功利主义效用论基础上，认为人与人之间的效用可以比较，因此，社会总体的效用可以计算，并且在此基础上，社会总体的最优效用水平可以实现，其建立了福利经济学。他认为社会福利水平的高低取决于两个方面，一个是经济发展水平，即社会拥有的财富越多，国民的效用水平就越高；另一个是分配水平，社会的财富分配水平越平均，社会的效用水平就越高。然而，在随后的研究中，个人效用的测度非常困难，并且经济学通过实证证明了个人的效用不可比较，庇古的基数效用的福利经济学被贴上了"旧福利经济学"的标签而束之高阁。

在否定了基数效用的旧福利经济学之后，帕累托提出了以序数效用为研究对象的新福利经济学。在新福利经济学中，人与人之间的效用不再可比，因此，社会总体的效用水平不能计算，进而原有的最优社会福利状态不复存在。由此，帕累托提出了新的最优状态：在一个经济体系中，不论实行何种政策，如果要增加一部分人的福利（效用），就必须减少其他人的福利，那么这个经济体系就处于最优状态。在新福利经济学中，效用的高低仍然直接与收入水平挂钩，而帕累托最优的提出在一定程度上否定了收入分配对社会最优水平的作用，将研究的关注点放在了生产和交易上，通过产品在消费者的分配达到最优水平。然而，帕累托最优的实现有一系列非常严格的条件要求，而实现这一系列条件的可能性几乎不存在。因此，新福利经济学的发展开始寻求不完全满足最优条件的次优理论，然而，次优理论告诉我们能够补救部分市场缺陷而不可能补救全部市场缺陷的政策措施，"会经常导致与意图完全相反的结果"（E. K. 亨特，2007），这意味着实现帕累托最优是不可能的，进而动摇了以序数效用为研究对象的新福利经济学乃至整个经济学的根基。这就导致了经济学的研究必须重新寻找效用的替代指标，幸福再次进入了经济学研究的视线。

当代经济学对于幸福的研究有许多方面，包括行为经济学和实验经济学的各种理论，例如，卡尼曼的"体现效用"、马斯洛的"高峰体验"以及奇森特米海伊的"流"体验理论。1999年，体验经济的提出，使经济的发展与幸福感之间再一次紧密地联系在了一起。体验经济学认为，在农业经济时代，市场交换是以农产品的交换为基础；在工业经济时代，市场的交换是以工业产品的交换为基础；在服务经济的时代，市场是交换服务为基础；而现在经济进入一个更高级的阶段，就是进入到了体验经济阶段，在这个阶段，服务的内容是，满足人们情感需求和自我实现需要，在这个过程中需要创造个性化的生活或者商业性的体验来满足客户的需求。在体验经济中，顾客通过体验某种商品或者服务，得到心理上的满足，因此，体验经济中，交换的对象已经不再是简单的商品，而是快乐与幸福感。

（四）幸福与文化

人作为一种社会性的动物，其主观感受往往会受到群体内各种要素的影响，而对于一个群体，最具有象征意义的就是这个群体的文化。文化对于一个群体来说，是一种非常宽泛的概念，它是一定时期内的历史沉淀，包括了该时期内形成的具有一定共识和可以相互交流的意识形态，比如行为规范、思维方式、价值观念、生活方式等内容。因此，文化对于特定人群的行为和感受具有非常重要的影响。例如，社会的行为规范会对人们的幸福感产生的影响，日本人较之拉丁人更不愿意表露感情，并且对于负面情欲有更强的接受能力，虽然在研究中，日本人较之拉丁人有更强的购买能力，但是却体现出了更低的幸福水平（E. Diener & Oishi，2000）。

通过上述对幸福的讨论，我们应该对幸福有一个更为深刻的理解和更为全面的把握。对于幸福的内涵，应该包括两个主要的层面：

第一，主观感受的心理层面。幸福首先是一种主观感受，它与快乐一样代表着人们对某种事物或者行为所产生的积极心理影响。不过与快乐不同的是，快乐代表的是当期的、短暂的感受，而幸福则表示对一定人生阶段的快乐水平的总体评价，它是一种持续不断的快乐。

第二，客观伦理层面。幸福与快乐的区别，还在于快乐并没有价值判断的标准，它可能是有利于人类发展的，也有可能是不利于人类发展的（比如吸毒可以给人带来快乐，但是不利于人类发展）。而幸福必须有利于人类的发展，因此，构建一个合理的幸福观，抵制对于不良诱惑的追逐具有非常重要的意义。

因此幸福应该是主观满足和客观满足，个体满足和群体满足的统一体。

三 可持续消费的影响因素

消费行为如何被确定并且保持，在什么情况下受影响而发生改变？尤其是最根本的，了解什么导致了现在的消费模式。这对可持续消费的研究，以及可持续消费行为模式的构建，具有至关重要的影响。在对可持续消费的研究中，已经有了许多对于消费行为理论各个方面的研究，它们试图从理论角度勾勒出消费的动机。最著名的包括 Røpke（1999）和 Jackson（2004），他们通过对经济学、社会学、人类学、政治学、文化学以及心理学等交叉学科理论的研究和案例总结，给出了消费和消费驱动力的核心理论。

从消费理论审视，影响消费行为的研究领域主要分为三大类：效用理论、社会和心理学理论以及社会—技术体系对行为的影响。

第一种效用主义的消费理论属于传统的新古典经济学范畴，它通过市场中个体的理性行为来解释。第二个理论是有关社会和心理因素驱动消费，例如显示地位、群体的成员资格、文化规范等。第三种表示的是一种社会视角，它认为支撑的社会—技术基础对潜在的消费行为有着决定性影响。

（一）传统的效用理论：

传统微观经济学的消费观点起源于对于个体行为的一系列正统的假设。在新古典经济学中，个体是理性的效用最大化者，这一点是作为公理被广泛认同的。这就意味着每一个人都能计算并且采取获得经济学意义上最大效用的行为（包括收益、快乐和满足）。典型的微观经济学课本都会说，"我们假设消费者能够寻求支出在各种商品和服务间的最优分配，这样他们通过购买可以获得最大的可能满足感。我们认为消费者总是试图最大化他们的满意度或者效用"（Lipsey and Harbury，1992）。在微观经济学中，个人在一个完全竞争的自由市场中进行消费，因此他的消费行为能够展现出内在的偏好并且将其效用最大化，这种消费行为近似于实现了快乐或者是幸福。对于偏好是如何形成的或者消费决定是受何驱使等问题却被绕过，成为消费偏好的"黑匣子"，因此该理论仅仅依赖消费者的行为进行简单的价值推断。这个理论成为新自由主义经济政策的基石，经济增长被认为是发展的前提条件，因为它提供了更多的消费机会和更高的消费水平——总体上成为人类幸福的替代指标（DETR，1999）。

消费的效用主义模型假设决策是一个线性认知的过程，它将所有的可用信息通过自我计算然后采取获得最大效用的行动。从这个角度看，分析者们通过需求满足机制来寻找个人消费的基础，这个机制是由个人认知过程产生，并且在市场中各种可能的条件下做出的选择。因此，基于这个模型，努力提升可持续消费要求主动改正市场失灵，并且确保个人能够有能完整的信息并行使消费者主权（Wilk，2002）。例如，英国的可持续生产和消费战略中对于那些有更高的企业效率和生产创新、消费者信息活动和自愿的绿色标签计划给予优先权。这些都是主动针对消费者提高市场功能和信息流，由此"鼓励并且赋予积极的和有充分信息的个人和企业消费者进行更多可持续消费的权利。（DEFRA，2003）"

基于该模型设计的宣传亲环境引为消费者倡议同样吸引对某种行为

（例如浪费能源）所产生的影响有充分认识的理性个体参与者。进而希望通过对这些情况的思考可以改变行为"逻辑"，尤其是那些通过财政刺激产生指定的变化（能源效率产生即时的花费节约）。这种方法在实践中的典型应用就是 1995 年开始的英国的"通往绿色"增强意识运动，以及 90 年代末的延续"你做了你那份了吗？"这些政府倡议向消费者提供关于环境议题的信息，例如全球变暖、臭氧耗竭、环境污染和资源使用等，同时向消费者建议一些能减少环境影响的简单方法。他们还采取"信息赤字"计划来改变行为，因为他们认为人们的那些不可持续性消费行为是由于他们缺乏这方面的信息，于是他们通过（专家）向不明情况的公众传递信息来克服这个壁垒。对于这种典型的战略，它们只是很少的改变了这些行为，因为导致人们未能采取指定的亲环境行为的因素很多而且复杂。Burgess 在回顾关于公众态度调查的文献时发现："虽然公众对环境问题的关注和对环境友好态度的接受程度快速增长，但是却完全没有改变其实际的行为。"

（二）社会和心理学理论

传统主流经济学的观点受到了其他学科的广泛质疑。人们试图通过更广泛的、多角度的研究来寻求更好的理解，到底是什么原因导致了消费者的消费行为，并且应该如何修改这些行为才能使其成为可持续性消费。心理学和社会学的许多文献关注了消费的驱动因素，它们尝试着解释为什么基于认知（信息不充分）和自由市场理论来改变行为的努力收效甚微。这些分析试图理解著名的"价值—行动鸿沟"，也就是说为什么亲环境的价值观却不能引导出相应的行为（Jackson，2004）。例如，在一个影响环境行动因素的研究中，Jaeger 在 1993 发现有关特定环境问题的技术信息对于具体行动的指导意义非常弱，那些人口统计学因子，例如年龄、性别和职业，也是如此。相反，社会文化进程、共同的规则、人际关系网等伦理价值观和文化统一性对环境的行动反而有决定性作用。研究所得出的结论认为，传统的公众对环境问题的无视或困惑的假设是不成立的——行为不会由于提供了更好的信息而发生改变。该研究以及后续一系列跨社会学科领域的研究认为，影响消费决策的核心要素与专业知识向普通消费者的普及不相关——而这恰恰是主流可持续消费政策的基础。

研究认为在一定的社会境遇下，消费产生的出发点在于心理需求，也就是说通过消费产生满足感。在这些理论的研究中，消费绝不仅仅是经济行为或者说在新古典经济学中效用递减消费者主权的概念。从非功利主义开始理解消费，"行为经济学"的研究表明，在现实生活中，个体并不像传统经济学所假设的那样——理性经济的需求满足，从政策角度来说更多的是有限理性。该理论发现相较之新古典经济学的原则，人们的行为选择受身边的人和社会规范的影响，并且会随着时间的变化而发生改变。此外，社会规范和惯例能在无意识中强化并形成根深蒂固的习惯，因此并不需要像传统经济学所假设的那样在做消费决定时服从理性的损失和收益的计算。另外，心理学和实验经济学的研究揭示了人们有在公众面前遵守规矩的内在动力，并且通过经济结果来评估公平，但是一些外在动力（罚款和奖励）会使这些化为乌有——导致行为失去价值观的驱使（Frey and Jegen，2001）。另外一个影响人们行为的因素是他们对自己的期望，人们的看法和行为的不一致（认知失调 Festinger（1957））时，人们往往更多地调整自己的看法而不是行为，这也颠覆了传统的行为取决于价值观的假设。

实验经济学更进一步地揭示人们是"损失厌恶"，他们对于失去某件物品后获得赔偿的意愿远远超过付钱时持有这件物品的意愿。这种对于损失和收益的不对等性挑战着新古典经济学，也导致了对问题的不同提出方式会引发环境资源的经济估值产生了巨大的分歧。这些估算中的异常实际上代表了选择中复杂的社会关系，而不是意味着人们非理性或者不理解。类似的，许多研究都显示了如何展示问题将直接影响着人们的反应（例如在一次事故中，人们更愿意听见80%的人存活，而不是20%的人丧生），以及直觉判断如何印象行为——所有的这些都像是对新古典经济学的"诅咒"。最后，市场中的过多选择会导致人们的信息过量，困惑，害怕做出错误的选择或者无法做出选择，整体上降低人们做出选择的效率，这些对于可持续消费者来说都是至关重要的。

由此我们可以看出，人们的行为选择并不是完全孤立的，而是一种社会行为；人们的行为不仅仅受自身的愿望和需求影响，同时也不由自主地受到身边的同伴、无意识的生活规律以及社会规范的影响。作为个体，人们的行为也总是受到周遭的事物的强烈影响，比如我们的社会关系、同伴和社会习惯等等，这些都会对成为构成我们消费决定的要素（Burgess，2003）。这说明了人们总是关心他人的看法，但是在与他人相同时，又希望比他人更好。换句话说，消费行为是受到社会压力的强烈干扰所表现出的一定趋同性，但是在一定程度上也需要表达出与他人的不同或者是更好。

如果进一步从人类学或者心理学的角度看，研究表明消费是为了迎合错综复杂的社会和心理需求。市场上的物质消费模式包含了多重的含义，除了简单地提供了商品和服务之外，还有着巨大的文化含义，比如，期望消费、购物疗法、自我表达、自我归属、自我实现、自我认同、政治立场、道德选择、地位显示以及对社会团体的忠诚等等（Bordieu，1984）。因此，消费不能被简单地看成是中立的，它实际上将自身的使用价值与各种社会内涵紧密地联系在一起，是一种文化认同和社会关系的标志物（Jackson，2007）。从这个角度说，消费偏好不是由个体自己或者是先天形成的，而是在一个动态的社会系统中产生的。因此，从某种意义上说，消费就是一种道德行为，是一种体现并强化特定社会立场，标示了特定集体价值观和内部关系的行为（Douglas and Isherwood，1996）。威尔克认为"消费是一种社会代码，人们通过消费融入或者离开社会群体"，并且"人们通过消费来与他人交流，表达感受，创建一种一定文化秩序的环境"（Wilk，2002）。显示社会地位就是消费的其中一种功能。比如，社会地位往往是通过拥有的物质财富来进行展示，因此进行炫耀性消费所表达的社会内涵远远超过了其本身的使用价值。早在1977年，海奕施（Hirsch）就提出了"地位性商品"来指代那些由精英名流消费的物品，这些物品往往被社会上其他人所追捧，因为其代表了显赫的社会地位（Hirsch，1977）。一旦这种商品被社会的大多数人所拥有，人们就立刻失去了对追逐该物品的动力，转而追逐新的名流所拥有的消费品，希望获得新的满足。比如，去国外的海边度假胜地享受阳光和沙滩曾经需要相当的经济基础，因此，它被看作是一种浪漫的、高雅的休闲方式。然而随着旅游费用的下降和公共假日的普及，这种度假方式已经非常普遍，因此，人们不再认为它时髦，反而觉得有些低俗，现在更多的人开始返璞归真，玩起了前人所不喜欢玩的远足和野营。

商品有它的象征性价值，因此无论对于我们个人还是对于身处的社会，消费这种价值就具有非常重要的一面。因此，简单地通过努力增强人们对环境的理性认知来减少消费，似乎注定要失败，因为，它没有认识到消费行为所产生的复杂动机，它包含了深刻的社会和心理作用，如表示身份、显示归属或者彰显个性。在这种根深蒂固的消费动机和理性的可持续消费需求的较量中，理所当然的，前者往往能够占据上风。只有了解了这种更深层次的消费动机，我们才能寻求一条既能实现物质减量化消费，又能给我带来相同幸福感的道路。因此，为了实现物质减量化消费下，保持相同的，或者更高的幸福水平，我们只有通过改变社会的价值观、社会准则以及社会期望来间接地实现。由此看来，社会文化内涵，对于转变消费观念有着异乎寻常的重要性，我们不能指望通过人们认知其本身都无法完全确定的环境风险来改变或者约束自身的消费行为，我们只有通过改变整个社会的文化环境来进行改变。

（三）社会—技术体系

上述讨论包含了信息和更大范围的社会文化背景对个体行为的影响，这些研究主要是针对有意识的和显著的消费行为和消费决策。而对于消费行为的研究主体最近有了一定的转向，由个体的决策向集体决策进行转变，这其中包括了创建或者保持社会行为惯例、准则以及基础设施等影响决策的要素，它的主要研究内容是习惯性的或者是不显著的消费行为。在 Southerton（2004）和 Van Vliet（2005）提出了这个概念以来，这个学派被称为社会基础学派。他们通过对能源和自来水设施使用的研究，发现通过入户建立起来的供应商和消费之间的相互依赖关系，在这过程中所形成的惯例和设施影响着需求模式。这种情况也出现在其他供应系统中（例如事物供应链）。供应系统是一个垂直的商业链，其包含了一定社会和文化背景下的生产、营销、销售、零售和消费等各个环节，它协调并连接着一种特定的生产模式和一种特定的消费模式（Fine and Leopold，1993）。这个系统将个体"锁入"特定的消费模式中，由此减少了消费者的选择余地；与此同时，严重地约束了消费者的购买决定，从而确保了基础设施的进一步复制。例如，房屋所连接的主供水系统是我们被迫将可饮用纯净水与厕所连接，于是就没有能力获取和再利用家庭所能收集到的雨水，这样就可以确保持续依赖主供水系统。Spaargaren（2003）将其定义为"社会常规"，它意味着可持续消费行为不仅与前面提到的社会态度、文化背景等相关，同样和生活中联系着个体和社会供给系统的方方面面密切相关，例如食物、衣服、住宿等等。例如，人们做旅行选择的时候绝不仅仅取决于个人的偏好，同样和社会的整体选择有关，再比如，旅游目的地的基础设施建设状况，这也将直接影响人们的可行选项。

对于这个问题，Sanne（2002）认为消费者被锁入了当前的社会—技术体系（这个体系往往由商业利润所决定），在这个体系内人们的选择受到了极大的限制，不能完全由消费者自主决定。类似的，Shove（2003）研究了日常的家庭生活习惯，例如洗澡，他发现社会卫生标准的不断提高增加了人们日常盥洗的频率，抵消了资源使用效率的提高。包罗万象的社会结构关系比如，市场、商业、工作方式、城市发展规划等将消费者深深地限制住，无法自由地作出消费选择和生活方式。由此可以看出，如果想要将消费行为向可持续消费方向转化，改变相应的社会关系会有非常重要的作用。例如，在一个制定的市场内，对于一个消费者来说，他很容易因为某个品牌的洗衣机由于拥有更高的能源利用率而做出选择，但是如果一群消费者集体购买并且共同使用，想做出购买选择就困难得多。类似的研究最近不断增多，这种基础设施被命名为"社会—技术体系"，人们研究在给定的技术、习惯和社会结构下，个人所能够选择的内容。

因此，在既定的社会供给系统下，固化了消费者的消费模式。想要克服既有的缺陷，就只能形成一种替代的社会供给系统，这其中包含了替代性的价值观、发展目标、动机以及财富的定义（Leyshon，2003）。

通过上述讨论，可以发现影响可持续消费的因素主要包含三个方面：信息、文化和社会—技术体系。这三个方面中，前两个影响着个体的消费选择，后者影响着集体的消费决策。

四　关于可持续消费幸福感的社会推介

随着经济的发展，消费与幸福感之间的关系已经不再是简单的正相关。消费的增长一方面满足着人们日益高潮的物质欲望，另一方面对环境的损害不断地影响着人们的生活质量和身体健康。"青山难留，绿水不在"，已经是当代中国经济发展的负面写照，并且严重影响着国家整体的可持续发展战略，制约着国家竞争力的提高和人们幸福感的增加。因此，我们有必要在推进可持续消费的同时，让人们适应、享受这种消费方式，从这种低物质强度的消费方式中获得更多更持久的幸福感。对此，我们可以从几个方面进行把握。

首先，在宏观层面，首当其冲的就是如何改变根深蒂固的现有的"社会—技术体系"。现有的社会—技术体系严重地制约着人们的消费选择，而其中的根本就是现在经济的发展逻辑"经济的持续增长和资本的不断扩张"，否则，即使是现在大力发展的节能环保产业、各种生态服务行业以及物质减量化发展的经济模式（如循环经济），其最终也只能成为商业炒作的噱头和经济扩张的附庸。因此，对于国家层面，必须要转变单一的，以经济发展为纲的政策目标。应当丰富政策目标的内容，更多地将环境保护、文化建设、个人发展、制度健全等内容作为发展的基本目标。引导政府、企业和个人发展目标的多元化，降低企业与企业之间、人与人之间的竞争激烈程度，将人们从激烈的社会中解脱出来，降低工作强度，更多享受生活，构建和谐的社会关系，进而提高人们的幸福感。

在转变固有的体系之后，形成可持续消费的一个非常重要的方法就是进行"社会营销"。所谓"社会营销"就是指通过各种工具或者技术手段来影响顾客的消费行为从而获得商业利益，通常是通过改变公众行为来使整个社会获益，最开始起源于健康宣传或者是家庭规划（Kotler and Zaltman，1971）。最近对于该领域的创新主要在于环境静支持行为的形成，这些创新不只让让人们简单地关注环境，并且通过依靠社区，改变社会环境（如人际关系、职场关系），培养人们的日常行为。这些营销往往通过某个族群或者是某个细分年龄段人群的生活方式来展开（Barr，2006）。这种方法的好处在于广告往往具有很强的冲击力来改变人们的潜意识，通过对潜意识的改变来进一步改变人们的行为，通过经年累月的宣传就能够埋下环境支持行为的种子，将这种行为在潜意识里作为一种欲求已久的标杆追求，通过细小的行为改变，日积月累，最终促成整个社会消费行为模式的改变。例如，在西方国家，老人们较之年轻人更加接受废物循环利用的思想，这需要感谢他们受到更多"节俭"观念的影响，而年轻人则更喜欢效仿那些具有环保行为的社会名流。在一些西方国家，比如英国，社会营销已经成为一种实现可持续消费的基本政策，它通过鼓励、授权、树典型等方式来促进社会思想价值观的转变，并设置一套相应的行为规范，形成一种大家集体努力的共识，使全体向着可持续发展的未来努力。最近，英国政府希望将公众根据愿意改变生活方式内容的不同分成各种不同的群体，希望通过对不同的人群传递不同的信息来改变他们的行为，希望通过达到一些微小的目标比如节约食物，减少短程航空出行等方式来实现潜在的整个社会的大转变（DEFRA，2007）。

其次，中观层面。在产业方面，积极提升产业层次、工艺水平，减少生产过程中的物质能源消耗强度，大力发展循环经济，降低产品的生命周期成本。大力发展体验经济，将消费者从物质攀比中解脱出来，通过体验，不仅可以获得心理和生理层面的双重满足，而且通过将更多地节能环保元素融入到体验服务中，可以实现个人目标与社会目标的统一。同时，在社区方面，应该积极推进生态社区建设，在生态社区建设过程中，不仅应当大力宣传、提倡节能环保的行为，同时应积极推进社区的生态、物质自生产、自循环系统，例如合理利用社区绿地，种植自产蔬菜，缩减超市的供应链，减少商品的运输消耗；建设太阳能发电系统，为社区提供能源；建立雨水收集系统，可以将雨水用于清洗、冲刷厕所、浇花施肥等，节约自来水；积极推进社区内部的帮扶互助工作，缓和人与人之间的竞争关系，构建和谐社区。

参考文献

［1］北京大学哲学系外国哲学史教研室：《西方哲学原著选读》（上、下），商务印书馆 1981 年版，第 223—224 页。

［2］［美］赫尔曼·E. 戴利：《超越增长：可持续发展的经济学》，诸大建、胡圣等译，上海译文出版社 2001 年版。

［3］苗力田：《古希腊哲学》，中国人民大学出版社 1989 年版，第 639 页。

［4］［古罗马］塞涅卡：《面包里的幸福人生》，赵又春、张建军译，天津人民出版社 2007 年版，第 63 页。

［5］司金銮：《中国可持续消费创新的理论思考》，《消费日报》2004 - 10 - 11（8）。

［6］杨家栋、秦兴方：《可持续消费：世纪之交人类共同面临的战略性研究课题》，《扬州大学学报》（人文社会科学版）1997 年第 1 期。

［7］唐平华、刘云：《未来中国消费模式的选择——可持续消费》《北京商学院学报》2000 年第 2 期。

［8］肖彦花：《论可持续消费及其指标体系》，《湘潭大学学报》（哲学社会科学版）1999 年第 3 期。

［9］曾一昕：《探索建立可持续消费模式的途径》，《人民日报》2007 年第 1 期。

［10］Barr, S., Gilg, A. and Shaw, G. (2006) *Promoting Sustainable Lifestyles: A Social Marketing Approach.* Final Summary Report to DEFRA (Exeter:

University of Exeter).

[11] Bordieu, P. (1984) *Distinction: A Social Critique of the Judgement of Taste* (London: Routledge).

[12] DEFRA (2003) *Changing Patterns: UK Government Framework for Sustainable Consumption and Production* (London: DEFRA).

[13] DEFRA (2007) *A Framework For Pro-Environmental Behaviours* (London: DEFRA).

[14] DETR (Department of the Environment, Transport and the Regions) (1999) *A Better Quality of Life: A Strategy for Sustainable Development for the United Kingdom* (London: DETR).

[15] Diener. E. , &Oishi, S. (2000). *Money and happiness*. In E. Diener and E. M. Suh (Eds), *Culture and subjective well-being* (pp. 185—218). Cambridge, Massachusetts: MIT Press.

[16] Douglas, M. and Isherwood, B. (1979) *The World of Goods: Towards an Anthropology of Consumption* [second edition, 1996] (London: Routledge).

[17] Festinger, L. (1957) *A Theory of Cognitive Dissonance* (Stanford: University of California Press).

[18] Fine, B. and Leopold, E. (1993) *The World of Consumption* (London: Routledge).

[19] Frey, B. and Jegen, R. (2001) 'Motivation Crowding Theory: A survey of empirical evidence', in *Journal of Economic Surveys*, Vol 15 (5), pp. 589—611.

[20] Hirsch, F. (1977) *Social Limits to Growth* (London: Routledge).

[21] Jackson, T. *Models of Mammon: A Cross-Disciplinary Survey in Pursuitof the 'Sustainable Consumer'*, ESRC Sustainable Technologies Programme Working Paper No 2004/1 (Guildford: Centre for Environmental Strategy).

[22] Jackson, T. (2004b) *Models of Mammon: A Cross-Disciplinary Survey in Pursuit of the 'Sustainable Consumer'*, ESRC Sustainable Technologies Programme Working Paper No 2004/1 (Guildford: Centre for Environmental Strategy).

[23] Jackson, T. (2007) 'Consuming Paradise? Towards a social and cultural psychology of sustainable consumption', in T. Jackson (ed.) *The Earthscan Reader in Sustainable Consumption*, pp. 367—395 (London: Earthscan).

[24] Jaeger, C. , Dürrenberger, G. , Kastenholz, H. and Truffer, B. (1993) 'Determinants of environmental action with regard to climate change', in *Climate Change*, 23, 193—211.

[25] Kotler, P. and Zaltman, G. (1971) 'Social marketing: an approach to planned social change', *Journal of Marketing*, Vol. 35 (3), pp. 3—12.

[26] Leyshon, A., Lee, R. and Williams, C. (eds) (2003) *Alternative Economic Spaces* (London: Sage).

[27] Lipsey, R. and Harbury, C. (1992) *First Principles of Economics*, 2nd edition (Oxford: Oxford University Press).

[28] Røpke, I. (1999) 'The dynamics of willingness to consume', *Ecological Economics*, Vol 28, pp. 399—420.

[29] Southerton, D., Chappells, H. and Van Vliet, V. (2004) *Sustainable Consumption: The Implications of Changing Infrastructures of Provision* (Aldershot: Edward Elgar).

[30] Sanne, C. (2002) 'Willing consumers-or locked-in? Policies for a sustainable consumption', *Ecological Economics*, Vol 42, pp. 273—287.

[31] Shove, E. (2003) *Comfort, Cleanliness and Convenience: The Social Organization of Normality* (Oxford: Berg Publishers).

[32] Spaargaren, G. (2003) 'Sustainable consumption: a theoretical and environmental policy perspective', *Society and Natural Resources*, 16, 687—701.

[33] Wilk, R. (2002) 'Consumption, human needs and global environmental change', *Global Environmental Change*, Vol 12 (1), pp. 5—13.

[34] UNEP. Element of policies for sustainable consumption [R]. Nairobi, 1994.

中国碳减排政策及研究现状评价

杨敏英

【内容摘要】 本文概述国内减排二氧化碳的政策措施和研究现状，指出目前各界对碳减排的研究共识和研究热点问题，包括减排目标设置对中国社会经济的影响，以及当前实施碳减排措施的要点、碳税及碳排放交易政策中存在的焦点问题。在以上分析研究的基础上，提出今后我国加强基础性研究工作的重点问题和碳减排立法的必要性。

【关键词】 减排二氧化碳 政策 措施

一 中国碳减排的战略目标

中国政府主张发达国家国需要考虑自己的历史责任，认真履行国际经济和技术援助的义务，严格履行减少碳排放的国际法律义务；并且在2007年的巴厘岛会议上提出了自愿减排的举措，于2009年底提出了到2020年单位国内生产总值二氧化碳排放比2005年下降40%—45%的约束性指标，体现了一个负责任大国对国际社会态度。

中国选择低碳经济发展战略，正在努力实施从经济增长方式到转变经济发展方式的转变。2010年10月19日，正式发布了《中国自愿碳减排标准》；2011年"十二五"规划纲要确立了到2015年非化石能源占一次能源消费比重要达到11.4%，单位国内生产总值能源消耗降低16%，单位国内生产总值二氧化碳排放降低17%等与减排二氧化碳相关的主要目标。

二 减排目标对中国社会经济的影响

中国作为一个发展中国家目前仍面临发展经济、能源消耗总量还会增加，二氧化碳排放总量可能还会有所增加的严峻挑战。对于碳减排目标的设置对未来中国社会经济的影响，可以归总为以下几个方面：

(一) 对 GDP 的影响

碳减排进度的目标选择对经济的影响是不同的。

碳税与碳排放（高鹏飞、陈文颖，2002）建立了一个 MARKAL—MACRO 模型，构造了六种减排情景，对 GDP 的影响，结果表明：当减排率为 45% 时，GDP 损失率为 2.5%；减排率越高，对 GDP 的冲击强度越大，持续时间越长。因此，为保持社会经济持续稳定发展，需要慎重选择减排进度的目标值。担心大规模的节能减排会影响中国经济发展，甚至直接影响 GDP 的增长。[①]

中国社会科学院可持续发展中心主任潘家华根据测算，目前中国 GDP 每增长 1 个百分点，能源消耗就要增长 0.8 到 1 个百分点。即使调整产业结构使用清洁能源之后，这一数据也不会低于 0.5%。如果在总量上控制的话，那么中国的 GDP 甚至可能出现负增长。除了总量减排，强度减排毫无疑问也会影响经济发展。经济结构有一个刚性与惯性，彻底调整是不可能的，即使是局部调整，也需要相当长的时间。能源结构优化，产业结构升级，低碳技术创新才能满足经济发展对能源的刚性需求。由于随着高昂的成本支出，GDP 增速会受到一定的影响。但从可持续发展的角度来看，经过约束期经济的调整和适应，GDP 损失将趋于稳定。随着经济转型的顺利完成，GDP 增长将更加稳健，经济社会与环境发展更加协调。分析减排成本占 GDP 的 1% 左右。综合考虑，实施碳减排对 GDP 总量负面影响的程度大约在 0.3%—0.8% 之间。[②]

国家发改委能源所所长韩文科认为，温室气体减排碳强度下降 40%—45%，提出这个数字，是有把握的，也是做了研究的，并不会导

---

① 高鹏飞、陈文颖：《碳税与碳排放》，《清华大学学报》（自然科学版）2002 年第 42 期，第 1335—1338 页。

② 高红、叶微：《碳排放总量控制对深圳经济发展的影响》，http：//www.cdi.com.cn/detail.aspx？cid＝3168。

致 GDP 负增长。要在经济质量上下工夫，相对减排主要提高经济增长的质量。我们要走一条适合中国国情的道路，既要保持我们的发展，保证有合理的增长和排放量，又要降低温室气体增长的速度。①

（二）对国际贸易的影响

在碳减排的压力下，发达国家甚至将减排指标的完成与国际贸易挂钩，实施所谓的碳关税，这将导致新贸易保护盛行，影响发展中国家出口，增加出口产品的成本，丧失价格的优势，从而丧失市场竞争力。据世界银行的研究报告指出，如果碳关税全面实施，"中国制造"可能将面临平均26%的关税，出口量因此可能减少21%。国际贸易竞争格局将发生变化。

（三）对经济发展质量的影响

从长期趋势分析，碳减排将加快中国经济发展模式向高效率、低污染转型，提高低碳发展的核心竞争力，具体表现在：
1. 低碳经济将带动可再生能源的发展，并成为新的经济增长极。
2. 减排目标将进一步推进节能，加速淘汰落后的技术、工艺和设备，减缓能源需求持续增长的压力。
3. 由于加速淘汰高能耗、高排放产业，可促进产业结构调整。

（四）对区域经济发展的影响

碳减排是否要实行类似中国"十一五"期间节能减排目标的地域分解？这个问题将直接影响到区域经济的发展，需要慎重研究。

三　中国碳减排的政策目标及主要措施

国内、外对碳减排的研究越来越多，越来越深入，所得结论普遍认为：
（1）人口增加与发展中国家经济结构重型化是碳排放增加的主要驱动因素；

---

① 《解析减排对中国经济影响》，《中国经济周刊》，http：//www.sina.com.cn 2009 年 12 月 23 日 10：40。

（2）中国外贸结构是国内碳排放增加的主要原因，然而却相对减少了产品进口国的碳排放量。

（3）能源效率提高是减少碳排放的第一有效措施，主要措施包括技术进步和经济结构调整。在中国降低能源强度是有潜力的，节能降耗需要常抓不懈，节能是国家能源发展战略的首要地位不能改变。

（4）以各种政策措施促进技术进步，逐步增加可再生能源的生产，达到能源消费结构低碳排放是有希望的行动。

（5）减少二氧化碳为主的温室气体排放已不单纯是应对全球气候变化，在一定程度上甚至成为发达国家与发展中国家之间的政治或经济的博弈。但是，减少二氧化碳为主的温室气体排放归根结底是人类的可持续发展问题，需要结合国际政治、经济进行全面分析。减排二氧化碳的目标与政策、措施要根据能源安全、就业、技术创新等国情问题制定。

目前中国碳减排主要政策目标及措施如下：

（一）提高能源效率是减碳的首选举措

中国政府在 2006—2010 年的"十一五"期间，以降低 20% 能源强度的指标力图扭转能源消费快速增长的趋势，采用多种政策措施，最终实现了 19.1% 的目标，共节约 6.3 亿吨标煤，CO_2 排放强度下降 20.8%，减少排放 15.5 亿吨 CO_2。

"十二五"期间政府继续提出降低 16% 能源强度的指标，但 2011 年仅实现了节能率的 2.01%，与年均节能率 3.5% 的目标相差甚远。然而，这并不能说明中国没有节能的潜力。因为，统计数据显示，2010 年中国 GDP 占世界总量的 9.3%，但是能源消费量却占世界总量的 20.3%，仍是依靠高投入、粗放型的发展模式。这只能说明在中国工业化快速发展阶段，由于产业结构的重型化等多重原因形成了节能的艰难。

1. 强化节能的长效机制

节能在中国能源发展战略中处于优先地位，在应对全球气候变化的形势下，更加突出节能对减排 CO_2 的重要作用，需要不断强化节能的长效机制。

2. 优化经济发展结构

中国城市化进程带动了钢铁、水泥、汽车等产品的市场需求旺盛。2011 年粗钢产量达 6.8 亿吨，占世界总产量的 45%；水泥产量 20.9 亿吨，占世界总产量的 60%，汽车产量达 1841.6 万辆，居世界首位。而且高耗能行业在整个工业中的比重过高是中国能源强度居高难下的重要因素。高能耗产品的单位能耗在不同规模的企业中差别显著，取缔或改造高能耗的企业将是主要的举措。

（二）加快发展非化石能源，改善能源结构

由于中国的能源资源禀赋，多煤少油，长期以来形成了以煤为主的能源的消费结构，无论是从能源生产还是能源消费已形成了路径依赖。从能源结构看，煤炭占能源消费总量的70%，石油、天然气次之。要减少碳排放，必须调整能源消费结构。由于需要投入大量的资金来改变设备和生产工艺，结构调整不是短期就可以实现的。

中国政府明确，要通过大力发展可再生能源、积极推进核电建设等行动，到2020年非化石能源占一次能源消费的比重达到15%左右。对电力工业强制性要求不断提高可再生能源发电上网比重，有助于加快改变中国以火电建设为主的现状，促进电源结构优化。2011年底中国并网新能源发电装机容量达到51590MW，并网新能源发电量933.55亿kW·h，约占总发电量的2%，节约标煤2885万吨，相当于减排二氧化碳8020万t。

表1   **2011年中国新能源发电**

	风电	太阳能发电	生物质发电	地热、海洋能发电
发电量 （亿 kW·h）	731.74	9.14	191.21	1.46
占并网新能源 发电量的比重	78.38%	0.98%	20.48%	0.16%

资料来源：《华东电力》2012，40（4）。

（三）能源消费总量控制要突出煤炭消费总量控制

1. 能源消费总量控制

尽管中国政府自2000年以来不断加大节能降耗的力度，但是伴随着经济的快速增长，能源消费总量仍呈现上升趋势。这对于中国的资源与环境构成了严峻的挑战。

2015年中国能源消费总量将控制在 41×10^8 tce 左右，但是各行业或各地方的预测能源消费需求数量加总后于此数量有较大的差距，如何分解、落实总量控制难以实行。历史上数次能源消费总量均远远超过了预

计控制目标的教训值得注意,[①] 目标提出只是宏观控制的愿望,要实现控制指标必须从微观治理入手。

能源消费总量控制首先是目标的制定能够符合现实经济发展的需要,其次目标的实现必须具有切实可行的措施。"十二五"期间可以进行能源消费总量控制试点研究,必须抓住提高能源效率和优化经济发展结构这两个核心因素。

2. 重点突出控制煤炭消费总量

国家发展改革委员会在"十二五"能源规划草案中提出,2015 年将控制煤炭消费总量在 36×10^8 t 以内,将煤炭消费比重降低到 63% 左右。2011 年中国煤炭消费量已经逼近此控制目标,达到 35.8 亿吨,煤炭占全国总能耗比重约 70%。这是历年来煤炭消费增量最大的年份,相应的,可再生能源消费比重由 2010 年的 8.7% 下降到 8%,凸显出中国以煤为主能源结构难以改变的现状。

中国煤炭资源较为丰富、价格相对低廉的现状造成中国能源消费总量的增长主要依靠煤炭的增量来实现。煤炭消费是主要的碳源,这种趋势对于中国的碳减排是十分不利的。

从资源与可持续发展角度来看中国需要控制能源消费总量,从碳减排角度中国更需要控制化石能源消费总量,其中煤炭消费总量的控制应作为重点。在实施能源总量控制的政策中,各地方以及用能单位可以相对比较容易地实施煤炭消费量控制的目标;同时,在能源总需求增长的趋势下,促进可再生能源消费的提升,加快能源替代。

在控制能源消费总量的政策中应重点突出控制煤炭消费总量的政策。

(四) 建设低碳城市

从国家层面到各个省、市开展积极行动推行低碳发展战略。2010 年,国家启动低碳省和低碳城市试点工作,确定广东、辽宁、湖北、陕西、云南五省,和天津、重庆、深圳、厦门、杭州、南昌、贵阳、保定

---

① 中国曾在《"十五"能源发展重点专项规划》中就提出,到 2005 年将全国的能源消费总量控制在 $(14.5—14.7) \times 10^8$ tce,但实际上,到 2005 年能源消费总量达到 22.6×10^8 tce;在《能源发展"十一五"规划》中又提出到 2010 年将全国的能源消费总量控制在 27×10^8 tce,然而,2010 年能源消费总量却达到 32.5×10^8 tce。

八市，作为首批低碳试点省和低碳试点市。①

目前中国已成为全世界最大的二氧化碳排放国，如何在保持经济稳定增长的同时降低碳排放是中国面临的严峻挑战。《中国低碳试点省份经济增长与碳排放关系研究》（刘竹等，2011）以首批低碳试点省份——陕西、广东、辽宁、湖北、云南5省为研究对象，探讨经济发展与碳排放的关系。研究显示，伴随经济进一步的增长，碳排放在未来很长一段时间内仍将呈增长趋势；如何实现碳排放总量减排而又达到经济增长与碳排放的"绝对脱钩"，是中国低碳经济战略的首要难题。②

中国低碳建设方面尚缺乏理论指导，如何处理好社会经济发展与低碳建设的关系仍十分模糊，需要加强相关实施手段的研究，逐步建立起国家或地方的低碳城市建设指标评价体系。

（五）积极研发碳收集与利用技术、增加碳汇

1. 积极研发和推广气候友好技术

大力发展绿色经济，积极发展低碳经济和循环经济，研发和推广气候友好技术、CO_2 捕集与封存技术（CCS）。将 CO_2 注入油田增压采油，可使石油采收率提高 10% —12%。

2. 增加碳汇能力

中国将通过植树造林和加强森林管理，规划到 2020 年森林面积比 2005 年增加 4000 万公顷，森林蓄积量增加 13 亿立方米。

四 碳减排的政策及其影响的研究

各国的碳减排政策主要是碳税和碳排放权交易。碳税是事先确定单位排放的价格，排放总量不确定；而碳排放权交易则相反，单位排放价格在确定碳排放总量控制目标下随供求关系而变动。因此，目前碳税和碳排放权交易成为互为补充的政策工具。主要研究问题集中在碳税的水平、征收时间；碳排放权的合理配置、不同分配方式及利用方式对宏观

---

① 《国家发展改革委关于开展低碳省区和低碳城市试点工作的通知》，发改气候 [2010] 1587 号。

② 刘竹等：《中国低碳试点省份经济增长与碳排放关系研究》，《资源科学》2011 年第 4 期，第 620—625 页。

经济和环境等方面的影响。

（一）征收碳税

1. 碳税的数额

如同污染税，碳税符合污染者付费原则；而且与碳排放权交易相比，碳税管理成本低，多数经济学家认为碳税是减排成本最小的政策工具，是最公平、有效的市场手段，建议通过征收碳税实现碳减排。2007 年中国政府就将碳税列入议事日程。碳税征收对化石能源价格的影响？生产者支付？实际上会转嫁到消防费者支付？碳税征收额度对社会经济会造成什么影响？不少研究提出各种方案与分析，供决策者参考。

中国社会科学院财政与税收研究室相关研究人士认为，征收碳税，可以纠正企业和居民过量使用资源的行为，因此很有必要，而且从现有税制来看，这一类税种还比较欠缺，现行税收制度更突出的是增加财政收入的职能，而没有充分发挥改善资源配置的作用。

在我国开征碳税问题研究等系列研究中，《我国开征碳税问题研究》（苏明等 2009）从税制诸因素角度初步设计了碳税制度的基本内容，并提出可以考虑在未来五年内开征碳税。[1] 中国环境与发展国际合作委员会（简称国合会）2009 年 11 月发布的政策研究报告关于碳税的具体制度设计基本同财政部财政科学科研所的设计是一致的。所不同的是，国合会在碳税的税率选择上，提出比前者更低的方案，并建议建立碳税税率的动态调整机制。

《应对气候变化的中国碳税政策研究》（王金南 2009）等模拟不同碳税方案研究中国国民经济、能源节约和 CO_2 排放的影响，认为：近期在中国征收碳税是一种可行的选择，对中国抑制温室气体排放、促进节能减排具有重要的战略意义，是中国应对气候变化的重要政策选择。为使碳税方案不对经济发展产生较大影响，中国碳税税率宜从低方案起征，按照循序渐进的原则，逐步形成完善的碳税税制。同时，必须切实加强碳税收入的合理使用，达到碳税征收的预期激励效果。[2]

---

[1] 苏明：《我国开征碳税问题研究》，《财政部科研所研究总报告》2009 年；苏明等：《碳税的中国路径》，《环境经济》2009 年第 9 期。

[2] 王金南等：《应对气候变化的中国碳税政策研究》，《中国环境科学》2009 年第 1 期。

碳税额度的确立应考虑多方面的因素，既要考虑最大限度地反映 CO_2 减排的边际成本，促减排技术发展与采用减排措施；同时还要考虑化石能源价格上升，促进非化石能源发展，进而会降低非化石能源价格，能源的总体价格水平趋势如何？对此问题尚未深入研究。实践表明，中国"十一五"期间利用财政投入建设了十大重点节能和环保工程，总计 1285 亿元，形成节能能力 2.6 亿吨标准煤，约合 6.8 亿吨二氧化碳，[①] 降低碳排放的成本大约在 200 元/吨。因此，考虑碳税对减排的作用，以及能源价格对宏观经济和产业竞争力的影响，碳税需要逐步推进。

从 2012 年 1 月的全国能源经济工作会议中获悉，"十二五"期间将逐步建立有效合理控制能源总量的"倒逼"机制，未来将研究开征化石能源消费税，并实现原油、天然气和煤炭资源税从价计征，研究制定与回采率挂钩的差别化资源税费政策，完善石油等能源特别收益金制度。研究预计于 2013 年在局部区域开始征收碳税，2015 年推广至全国。1 吨二氧化碳约征收 30 元—40 元，并将在未来逐步提高征收标准。目前，该标准还在细化中。[②]

2. 碳税对经济的影响

（1）碳税是否征收以及其额度对经济的影响是不同的。（张明喜，2010）设定了两种碳税率：对每吨碳征收的税费为 5 美元或 10 美元。在征收碳税后第一年的主要指标变化情况。征收碳税将导致 CO_2 排放量显著下降 6.8% 和 12.4%，但征收碳税的短期成本相当高。与不征税时比较，征税后国内生产总值分别下降了 0.51% 和 0.82%。由于征收碳税导致生产成本提高，企业将会相应采取减少生产的措施，劳动力需求（就业）将下降 0.34% 和 0.178%。但长期内征收碳税对 GDP 影响不大，见表 2，征税后 20 年（2027 年）的 GDP 仅下降了约 0.08% 和 0.06%，CO_2 的总排放量分别减少了 2.3% 和 4.5%。[③]

---

① 梁猛：《建立碳交易市场实现减排目标》，《中国环境报》2010 - 6 - 29。

② 冉冉：《预则立 不预则废——议碳税可能开征》2012 - 01 - 09，http://www.ccement.com/news/Content/49151.html。

③ 张明喜：《我国开征碳税的 CGE 模拟与碳税法条文设计》，《财贸经济》2010 年第 3 期，Finance & Trade Economics，No1 3，2010，61 - 66。

表 2　　　　　　　　　　　碳税征收额的影响分析

		碳税 5 美元	碳税 10 美元
短期影响 （2007 年）	CO_2 排放量	6.8%	12.4%
	国内生产总值	− 0.51%	− 0.82%
长期影响 （2027 年）	CO_2 排放量	2.3%	4.5%
	国内生产总值	− 0.08%	− 0.06%

（2）研究认为，碳税的经济效应具有两面性：

一方面，碳税会推高化石能源价格，必然会加大通胀风险，造成全社会的实际工资水平下降，对经济增长产生抑制作用；但同时在一定程度上会起到改变消费习惯，减少能源浪费，促进化石能源消费量减缓增幅的作用。有学者认为，中国目前还处于发展阶段，碳税开征可能会给经济基本面带来负面影响，因此不宜在现阶段实施（魏涛远等，2002）。利用一个可计算一般均衡模型，定量分析了征收碳税对中国经济和温室气体排放的影响，结果表明征收碳税将使中国经济状况恶化，但二氧化碳的排放量将有所下降。[①] 开征碳税将提高企业的生产成本，尤其是使用化石能源密集型的部门，降低其在国际贸易中的竞争力。

另一方面，碳税可增加政府收入，增加政府投资规模，对经济增长起到拉动作用。

清华大学经济管理学院曹静教授在测算后发现，碳税对经济的影响是比较小的，带来的温室气体减排与环境健康损害方面的收益是非常显著的。例如，参照国际标准，当碳税税率在每吨二氧化碳50元至200元左右时，大气污染所引起的健康损害可以减少9%—30%，而对GDP的负面影响在 − 0.51%— − 0.01% 的区间范围内。[②]

碳税对中国碳排放和宏观经济的影响研究结论普遍认为，（1）碳税的征收会给经济带来副作用，首先会冲击能源密集型行业以及其产品的出口，同时，引发化石能源价格的上涨，减缓经济发展。（2）依据不同的减排目标值，存在减排效果最佳的碳税水平。

---

① 魏涛远等：《征收碳税对中国经济与温室气体排放的影响》，《世界经济与政治》2002 年第 8 期，第 47—49 页。

② 李雨谦：《开征碳税对经济负面影响较小》，《中国经济时报》011 − 03 − 23 http://www.ccement.com/news/Content/42。

3. 征税的原则与建议

（1）原则

碳税如何征收？有的研究提出应依据行业的碳排放量考虑碳税。究竟是按行业征收碳税？还是依据所消耗的化石能源数量征收碳税？显然，后者更加切合实际。

首先体现出其合理性，行业是可以通过市场价格选择替代化石能源方案（电力行业煤电的碳税必然会反映到电价，在未来的电力市场改革中，用户可以选择发电厂商，促进可再生能源的发电发展）；其次体现出其公平性，依据所消耗的化石能源数量征收碳税，可以起到抑制化石能源消费的作用；而且，依据能源消费品种征收碳税也相对易操作。

（2）建议：

①现阶段应分地区、分税率进行碳税征收，以使我国大部分地区在保持经济增长和体现社会公平的前提下实现节能减排目标。

②政府可以先积极稳妥地推进能源价格改革，取消对化石燃料，尤其是煤炭的补贴，依靠市场机制逐步调整资源税、燃油税。

目前中国已开征化石能源的矿产资源税，如何协调化石能源的矿产资源税与碳税的关系还有待进一步研究，或纳入碳税或环境税收体系，需要理清关于化石能源的各种税收，使税收合理设置。既要能够反映资源的稀缺程度、市场供求关系和污染治理成本的市场价格机制，而且不会造成税负过重。

③区别各地区征收碳税，充分发挥税收调节社会公平的作用。《碳税对经济增长、能源消费与收入分配的影响分析》（张明文等，2009）分析结果表明：由于不同地区的经济发展水平存在差异、产业结构不同、能源资源禀赋特性不同，因此碳税对不同地区的经济增长、能源消耗与收入分配的影响存在着较大的差异。从经济增长和能源消耗的角度看，征收碳税能够显著促进经济增长、减少能源消耗的省市大多集中在东部地区；而在经济发展仍然依靠高投入、高消耗、低效率的发展模式的中、西部地区征收碳税能够显著抑制经济增长、增加能源消耗。[①]

④用好碳税。为了避免政府将碳税收入用于资本积累，扩大经济规模，对结构调整不利，研究者普遍认为：建立基金支持碳捕集与减排技

---

① 张明文等：《碳税对经济增长、能源消费与收入分配的影响分析》，《技术经济》2009年第6期，第48—51页。

术的研发，补贴可再生能源，以碳税促进碳减排是利用碳税的最佳方式。

（二）碳交易市场

碳排放权交易属于排污权交易的一种形式，排污权交易是对污染物排放进行管理和控制的一种市场经济手段。排放权交易的关键问题是排放权的分配、分配方式以及初始排放量控制目标的确定，因为不同的分配原则不仅影响到环境有效性、经济有效性，还将影响到企业的竞争力和地区发展。国内讨论较多的碳排放权分配准则主要有三种倾向：第一种是按人口指标，遵循公平的原则来分配碳排放权；第二种是按 GDP 指标，强调效率原则来分配碳排放权；第三种是按人口和 GDP 组合指标分配，综合考虑公平、效率和全球收益这三个方面的因素，采用人均碳排放量和 GDP 碳排放强度（单位 GDP 碳排放量）的加权平均、以人均碳排放量为基准（权重在 0.85 以上）兼顾 GDP 碳排放强度。[1]

1. 国际碳交易市场

（1）国际 CDM 项目

截至 2012 年 5 月，中国成功注册的 CDM 项目达到 2013 个，占注册项目总数的 48.47%，预计 CO_2 减排量 3.8 亿吨，占注册项目预计减排总量的 64.29%。目前碳排放权交易主要通过各地区或国家专门的交易所完成。[2]

中国作为目前世界上最具潜力的碳减排市场和最大的清洁发展机制项目供应方，在交易过程中存在很多问题。缺乏人才和有关国外买家（减排量买方）的信息，企业的议价能力较差，始终处于弱势地位，直接表现为交易价格远远低于国际市场平均价格。企业参与 CDM 的模式过于单一，基本是通过双边/中介途径或招标与出价高的买家签订 CER 远期交付合同，合同价格多为 8—10 欧元/CER。由于受制于 CER 长期锁定价格，没有对 CER 的价格波动进行风险管理和控制，无法享受未来

---

① 国家发展与改革委员会能源研究所课题组：《中国 2050 年低碳发展之路：能源需求暨碳排放情景分析》，科技出版社 2009 年版。

② 清洁发展机制审核提速 发改委已核准 600 多项目，2012 - 5 - 24 http：//www.ditan360.com/，《第一财经日报》。

国际市场碳价格高涨的高收益，面临机会成本的损失。[①]

《中国二氧化碳排放》（魏一鸣等，2011）建立了发达国家与发展中国家之间的二氧化碳交易模型，分析结果认为：对于发达国家存在碳减排交易最高限的不同比重影响；对于发展中国家则存在碳交易最低价格的问题。基于研究结论提出了以下建议：发达国家从发展中国家购买的碳减排在其碳减排最高限中的比重会影响国际 CDM 的市场价格与交易量。发展中国家可通过适当的价格底线从排放交易中获取更多的利益来稳定市场。直到价格稳定在合理的范围内，固定价格越高，获利越多，而且存在一个最佳的价格点。然而不同国家的双边贸易具有不同的价格范围以及最佳价格。[②]

（2）欧盟航空碳税（EU's Airline Carbon Tax）

欧盟 2012 年始启动了航空碳税的征收，虽然最终未能实施，但是这实际上也是国际间进行碳交易的一种行为。中国是第一个以政府名义明确表示反对欧盟征收航空碳税的国家。国际间的碳税征收应体现公平性与合理性。

（3）碳关税

2009 年 6 月通过的《美国清洁能源法案》规定，美国有权对从不实施温室气体减排限额的国家进口能源密集型产品征收碳关税。发达国家实施碳关税使气候成本内部化，将改变国际贸易的商品结构，使发展中国家出口商品的比较优势下降，甚至发生逆转。

在全球化的环境下，中国迅速成长为世界的制造中心，2010 年进出口产品隐含的能源净出口量约占能源消费总量的 18%—25%，这表明中国的外贸依靠高耗能产品的出口结构是全国能源消费增长的主要原因。数据表明，中国工业（制造业）部门碳排放量太大，现已超过欧盟。外贸输出了大量高耗能产品，形成了相当大的二氧化碳排放量，净出口产品的二氧化碳排放量已占到国内二氧化碳排放量的 13%—15%，高碳排量的外贸出口结构极不合理，应予以高度重视。[③] 由此造成的中国的碳

---

① 刘婧：《国际碳排放权交易市场对我国的影响及启示》，《环境经济》2010 年第 6 期，第 51—54 页。

② Yiming Wei、Lancui Liu、Gang Wu、Lele Zou，Energy Economics：CO$_2$ Emissions in China，Science Press Beijing and Springer – Verlag Berlin Heidelberg 2011，227 – 228.

③ 陈俊武等：《中国中长期碳减排战略目标初探》，《中外能源》2011.10，16。
Chen Junwu，Chenxiangsheng，A Preliminary Study on China's Long and Medium – Term Strategic Goals for Reducing Carbon Emissions，Sino – Global Energy，2011.10，16。

排放增长趋势不容忽视，需要尽快调整产品结构，改善外贸结构对中国的碳减排压力。

国家发展改革委宏观经济研究院在 2009 年出版了《中国进出口贸易产品的载能量和碳排放量分析》一书，该研究使用产品生命周期评价的方法，分析了进出口贸易中内含的能源量和碳排放量，为未来完善贸易结构和促进节能减排提供决策依据。

碳关税实际上是贸易保护主义的新形式。总的来看，发达国家将实行更加严格的环境标准。发展中国家高能耗、高排放、低能效的生产模式还将持续相当长的时间，其产品出口势必越来越频地繁遭遇绿色壁垒，并由此引发更多的贸易摩擦。决策者必须充分考虑贸易开放对二氧化碳排放的影响效应。

碳排放量额度交易是一种新的国际贸易方式，将对世界贸易产生重大的影响。若依据消费者承担碳排放的原则，如何计量各国之间的外贸产品生产过程中的含碳量，公平合理地进行国家之间的碳交易也是一个值得研究的问题。

2. 国内碳交易市场

在国内，碳交易议论的核心是，它会否"限制发展"。因为中国毕竟是一个发展中国家，发展权至关重要。不少业内人士认为，通过碳排放权的交易，实现以最低的成本实现能源的最有效利用。同一行业的企业之间将会实现利益结构的优化，高出行业排放水平的企业将把利益让渡给排放水平低的企业，这将是调整行业结构的"有力杠杆"。不同行业之间也能通过利益调整进行结构优化，提升社会经济的总体发展水平。①

中国于 2009 年建成了天津碳排放交易所等三家专业机构，开始碳排放交易试点。截至 2011 年 6 月底，全国各地建立了 20 多所气候环境交易所，但交易数量始终很少。国内 VER 市场建立之初以"自愿加入、自愿减排"为指导原则，只有 23% 的企业具有减排意识，并计划进行减排，只有不足 6% 的企业参与过碳交易。②

2011 年 10 月底，国家发改委发布《关于开展碳排放权交易试点工作的通知》，正式确定两省五市（湖北、广东、北京、天津、重庆、上海、深圳）全国首批实施碳排放交易试点。2012 年已全面启动，试点地

① 中国碳交易试点明年将正式启动 2015 年有望全国推广，2012 - 2 - 2?? http：//www.ditan360.com/???，《上海证券报》。

② 马秋君、刘璇：《我国自愿碳减排市场发展的对策》，《经济纵横》2011 年第 11 期。

区抓紧制订了本地区碳排放绝对量和强度两大指标方案，并建立各自区域内的排放交易体系。依照国家发改委提出的分阶段实施路线，2013年启动试点交易，2015年基本形成碳交易市场雏形，"十三五"期间在全国全面开展交易。专家认为，从现在全国的条件来看，2020年以前在全国范围内开展碳交易的条件并不成熟，不会出现真正的国内买家，也就无法形成实际意义上的碳交易市场，面临着许多技术上和实际操作上的挑战。当前有的专家认为，国内碳交易试点刚刚起步，碳排放权登记注册系统正在建设，碳排放权核定核查的第三方审定机构需要时间培育和发展。因此，中国碳交易市场应以现货交易为主，同时开展碳期货的可行性研究。[①]

碳交易的成功与否很大程度上取决于相关法规的制定与执行。《中国温室气体自愿减排交易活动管理办法》即将出台。

五 碳减排的立法工作需要循序渐进

良好运行的市场有赖于完善的法律制度保障，中国目前仅在环保、能源等方面颁布实施了一些政策法律。由于碳排放研究起步较晚，有关碳排放权的相关立法尚属于空白。中国目前处于广义上的自愿减排阶段，在碳减排市场存在以下突出问题：

缺乏从事碳交易的各类专业人才。几乎未对CER价格波动进行风险管理和控制，因此无法享受国际市场碳价格未来高涨的高收益，阻碍了国内VER市场的形成。

依据经济可承受能力，确定全国性控制总量。碳交易规模，还需视"十二五"能源消费总量控制目标而定。

将碳排放权合理地分配到各交易主体；建立交易价格体系。是采用生产者负责原则还是消费者负责原则？[②]

如在各省间分解减排目标责任的。关键是如何科学测算2005年各省碳减排基数。还需要根据各区域减排条件的不同和区域间排放转移的

---

① 吴琳琳：《证监会副主席姜洋：中国碳交易市场或以现货交易为主》，《北京青年报》2012－11－21B2。

② 张增凯、郭菊娥等：《基于隐含碳排放的碳减排目标研究》，《中国人口资源与环境》2011年第12期。"与生产者负责原则相比消费者负责原则下各省之间单位GDP碳排放基数的差异较小，说明消费者负责原则更加体现了碳减排责任省间分解的公平原则。"

情况，协调区域发展。

需要建立较完善的统计、监测、核查体系和监管制度。

协调好国内碳市场和国际碳交易的关系。

协调好碳市场与其他减排手段的关系，特别是与碳税、法律和标准等的关系。

根据国际碳减排市场的发展规律，中国将逐步过渡到"自愿加入、强制减排"的单强制阶段，最后发展成为"强制加入、强制减排"。立法是强制性的手段，需要许多前期周密与合理的研究基础，以避免造成对社会经济发展的不良影响。需要在试点的基础上，尽早在法律上确立碳排放权，建立和完善碳排放权交易制度。

附：中国碳交易市场试点现状

北京环境交易所推出了节能环保技术转让平台、合同能源管理投融资交易平台以及 CDM 项目信息服务平台等，对总量控制、配额分配、许可证交易、在线检测等一系列交易制度进行了积极的探索。北京市发改委已基本摸清北京市各领域、各重点行业和企业的能源消费和温室气体排放情况。2012 年 3 月北京已正式启动碳排放交易试点，为了满足碳交易过程中的融资需求，已成立专门的绿色金融联盟，并将在碳排放权交易结算业务、碳排放权质押、保理等多方面加强与银行的合作。

上海环境能源交易所于 2009 年分别开通了"绿色世博"自愿减排交易平台和南南全球环境能源交易系统，推广自愿减排理念的同时利用互助机制推动国际间政府及私有部门的清洁技术转移。2011 年 12 月，上海环境能源交易所改制为股份有限公司，并引进了英大国际控股集团、宝钢集团、华能集团等 10 家中央和地方的企事业单位作为股东，已全面着手制订碳排放交易试点的实施方案。目前，实施方案尚未最终确定，具体细节在各方交流协商之中。碳交易试点目标将分阶段进行，首先是成为长三角及相关区域的碳交易中心市场；其次成为全国碳交易的中心市场之一。

天津排放权交易所给予芝加哥气候交易所 25% 的股份，即以知识产权入股的形式引入了芝加哥气候交易所的交易平台，旨在加快自身国际化运作的步伐。[1] 天津排放权交易所则遵循"自愿加入、强制减排"的

---

[1] 杨志、郭兆晖：《碳交易市场的现状发展与中国的对策》，《中国经济报告》http：//jjckb. xinhuanet. com/zhuanti/2009 - 08/20/content_ 178401_ 5. htm。

原则，发起企业自愿减排联合行动，致力于构建能效市场，通过"强度控制与交易"模式，来降低碳排放强度。该市场是我国首个自主开发的基于强制能效目标的排放权交易体系，也是全球建筑领域的首个能效市场。

重庆碳交易的试点企业主要集中在电解铝、铁合金、电石、烧碱、水泥、钢铁6个高耗能行业。当地将力争今年完成第一笔交易，随后再逐步扩大交易范围和规模。重庆的碳排放交易将纳入森林碳汇交易。已在三峡重庆库区和渝东南部分区县等地开始专门为碳排放权交易提供碳汇的种植计划。[①]

国内银行发展碳金融大有可为，除了信贷支持对象向低碳活动转移，越来越多商业银行不仅直接参与碳排放交易，还推出各种低碳类金融理财产品，有的还直接以股权形式投资碳交易所。未来中国碳排放权交易市场的发展潜力巨大，金融服务与产品不断创新。随着我国参与全球碳交易市场程度的不断加深，国内金融机构逐渐尝试创新相关中介服务和产品。许多商业银行推出"绿色信贷"、"CDM财务顾问"及挂钩碳排放交易的理财产品等。如2007年，深圳发展银行首次推出国内二氧化碳排放权挂钩理财产品——"聚财宝"飞越计划2007年6号人民币理财产品与"聚汇宝"超越计划2007年6号美元理财产品。2008年初，中国银行推出"汇聚宝"0801L——美元"绿色环保"二氧化碳挂钩理财产品（18个月）。随后，光大银行、招商银行等于2010年初相继推出低碳概念类理财产品。同时，我国两个准碳基金——"中国绿色碳基金"、"中国清洁发展机制基金"于2007年先后设立。证券业、保险业等相关碳减排服务也在不断探索中。

国家发改委要求各试点地区着手研究制定碳排放权交易试点管理办法，明确试点的基本规则，测算并确定本地区温室气体排放总量控制目标，研究制定温室气体排放指标分配方案，建立本地区碳排放权交易监管体系和登记注册系统，培育和建设交易平台，做好碳排放权交易试点支撑体系建设，保障试点工作的顺利进行。上述内容实际上是开展碳交易必需的五大步骤。其中测算确定本地温室气体排放总量控制目标以及制定排放指标分配方案最为关键，在研究制定原始排放配额时将综合考

---

① 《重庆试点碳排放交易市场 纳入森林碳汇交易》，2012 - 4 - 27？ http://www.ditan360.com/???中国新闻网。

虑企业的规模、能源消耗数量情况。第三产业比重较大的城市，建筑耗能也有可能考虑纳入碳交易范围。由于碳交易关乎市场竞争的公平性，温室气体排放数值将由第三方机构进行监测核准。

中国发展研究中心的一份报告提出了一些迫切需要解决的问题，包括排放配额如何分配，市场行为，交易监管，市场主体责任划分，以及基本的法律架构。除此之外，如何制定基于能源强度目标的排放上限，方案应涵盖哪些行业，以及如何兼顾上下游排放也需要进一步思考。中国面临的另外一项重大挑战便是如何在国家控制电价的情况下将发电行业纳入排放交易方案之内。最后，或许也是排放交易中最重要的问题便是：参与市场活动的各方必须对他们交易产品的真实可信性有充足的信心。这要求政府设立相应的机制，对市场参与者的活动进行有效的监督和查证。①

① 《发展低碳经济催生中国"碳金融"大市场》，2012 - 5 - 20 http://www.ditan360. com/???新华网。